MISALA HANDMADE

口金包 **50** 款

一針一線創造逗趣動物口金包

Michelle Chan（陳玉香）著

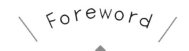
關於 Misala 手作口金包

『Misala』來自我的名字『Michelle』的阿拉伯發音，故事要從 2009 年的杜拜說起。

台北的工作室

我大學唸的是電子工程，畢業後在捷運公司當了一陣工程師。沒多久就結婚，跟著先生從香港移居杜拜。與其說是在當家庭主婦，更覺得自己是『無業遊民』。杜拜的天氣非常炎熱，白天真的不會想要出門，因此大多時間都宅在家裡。我可以一整個下午都在廚房甩麵團，家裡都是烤麵包的香味，後來又開始做起各樣的甜點。我非常享受自己動手做東西的滿足感。

某天，突然在行李裡面翻到 2 本口金包 DIY 的書籍，才想起之前在香港當上班族的時間，很偶然的上過一次口金包的手作課，後來還特別在網路再買了 2 本相關的手工書，卻一直都沒有翻閱過。翻開書籍的那一刻，就像打開有魔法的盒子一樣，從此瘋狂的迷上了做口金包。

在杜拜的小小工作室

杜拜的布市

從剛開始只會一點點的手縫，大概只有縫鈕扣的程度，到後來買了人生第一台很陽春的縫紉機。短短半年內，我照著2本書裡面過百個包款，全部做了一遍，連走在路上看到任何包款，都在思考如果裝上口金框會怎樣。沒有任何設計或縫紉基礎，反而沒有為自己設定任何的框架，可以隨意發揮無限的想像空間，到處收集各樣的布料，逐步有了專屬於 Misala 的口金包風格。

今年已經是我做口金包的第11個年頭。從在杜拜房間的一張小桌子，到台北成立了工作室，甚至還開過一家小店，當然也遇到過各種的挫敗與困難，但我依然享受著自由創作與手作的樂趣。這本書並沒有任何魔法，可以讓大家瞬間快速學會做一個口金包。但只要願意拿起針線做做看，你絕對會著魔一樣愛上口金包，再慢慢創作出只屬於你們的口金包！

CONTENT

Part 1

口金包基礎技法

口金框基本介紹

市面上可以選擇的口金框款式繁多，除了形狀不同，珠頭的設計也很多樣化。本書示範的作品以動物造型為主，外表有耳朵觸角等各種小配件，布料的配色也很繽紛，建議可以搭配珠頭設計較為簡約的口金框，才不至於讓成品過於累贅。

● 口金框的尺寸

口金框的寬度是指口金框兩側鉚釘之間的距離，也就是底下的最寬處；高度就是指從鐵片中心點到底部的垂直距離，不含珠頭。大家選購的時候，請確認好尺寸。

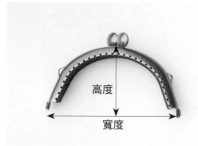

● 口金框的款式

A 寬19cm×高8.5cm（半圓型）

B 寬8.5cm×高3.5cm（拱型）

C 寬8.5cm×高4cm（半圓型）

D 寬7cm×高4cm（微方型）

E 寬7.5cm×高3cm（半圓型）

F 寬4.5cm×高2.5cm（半圓型）

G 寬10.5cm×高5cm（方型）

H 寬9cm×高4.5cm（方型）

I 寬7.5cm×高4cm（方型）

J 寬21.5cm×高8.5cm（方型）

K 寬16.5cm×高6cm（方型）

L 外（母）：寬13.5cm×高6cm（方型）

　　內（子）：寬11cm×高3.5cm（方型）

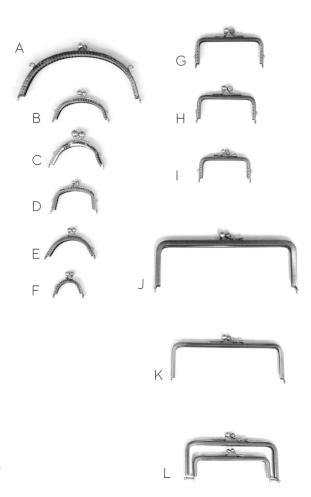

● 口金框的製造

　　台灣的手工藝材料行或網路都可以購買到各式各樣的口金框，一般大多是日本、中國大陸跟台灣生產的，其中百分百台灣製的佔少數。從一塊扁平的鐵片，按照特定的間距打出一個一個洞，再按照模具製成特定的形狀後，焊接上珠頭，最後是電鍍，箇中的工序非常繁複。

　　Misala選用的口金框都是跟台灣的老工廠特別訂製的，除了外側或內側的鐵片上刻制有『Misala』字樣外，品質也非常好。年滿60多歲的老工廠，經歷過台灣工業的各種興盛衰落後，是台灣僅存的精品口金框工廠。老師傅們為了傳承日漸式微的好手藝，繼續努力打造出一支支讓人愛不釋手的口金框。

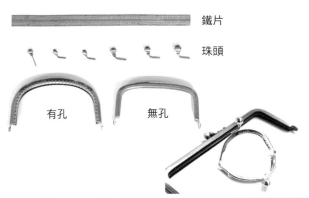

　鐵片
　珠頭
有孔　無孔

為鐵片打洞的古老機台

口金框工廠

● 口金框的品質優劣

❶ 末端有斷孔：如照片所示，末端的孔是不完整的，除了不美觀以外，使用上也會容易刮手。

❷ 2顆珠頭焊接的位置不夠精準：2顆珠頭的接觸點除了要在整個口金框的中心點以外，位置不對也會影響開合的密合度。如照片所示，密合度不好，2塊鐵片中間就會有空隙，不宜使用。

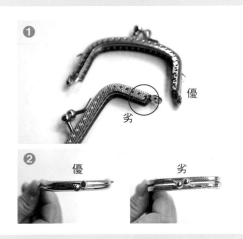

❶　　　　　優
　　　劣

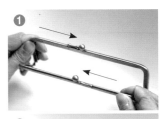

❷　　優　　　　　劣

● 口金框的鬆緊調整

　　隨著使用時間愈長，開合的次數增加，口金框有可能慢慢變得沒那麼密合。另外，也可能因為每個人的力氣不同，而覺得不好打開。上述情況都可以用下面的方法微調。

❶ 兩手握住口金框的兩側，左手往右推，右手往左推，就會稍微調緊；反之，則調鬆。

❷ 若方法❶還是無法調整，可以用鉗子夾緊口金框其中一側的鉚釘往內凹，就會調緊，往外則調鬆。

基本工具及材料

對於手作初學者，一開始不需要購買各式各樣的工具，只要準備最基本夠用的就好。等慢慢熟悉做法後，再選擇適合自己的工具。

● 剪刀類

剪刀的品牌跟價位相差甚遠，刀刃的銳利持久度也會有所差別。但切記剪布的剪刀，跟剪紙或其他材質的剪刀一定要分開使用，以免影響銳利度。

❶ **線剪／紗剪**：主要用於剪線。

❷ **小布剪**：適用於剪一些較小尺寸或形狀不規則的布塊。

❸ **大布剪**：適用於剪較大尺寸或形狀規則的布塊。

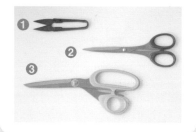

● 珠針

珠針有分不同長度、粗細跟軟硬度。較細、短及軟的珠針適合用於較薄跟小尺寸的布料，縫紉機可以直接車過去，不會斷針。較粗、長跟硬的珠針則適用於較厚跟大尺寸的布料固定。若圓頭部分是玻璃材質可以直接熨燙，塑膠材質的則不行。

● 記號筆／消失筆

空消筆或水消筆適合用於淺色的布料，布用銀色筆則適用於深色的布料。理論上，這類的布用記號筆，在一定的時間後或碰到水就會消失，但偶爾也有一直殘留在布料上的情況。建議大家可以在要剪裁的布料上，先試畫幾筆再立刻沾水來測試。

● 線材

大致可分為手縫線跟機縫線兩大類。台灣製的線類價格相宜，日本製則價格較高，但只要自己使用順手都可以。

❶ **機縫線**：口金包大多選用棉布類，可選擇40／2的棉線。
（40代表線的粗細，越粗數字越大；2代表是用2股線製成）

❷ **手縫線**：書中最常用到的手縫線是口金線，可選擇尼龍線質，有光澤不容易起毛，且拉力較強。口金框的洞口會刮線，建議用雙線或以上來縫製才不容易拉斷。另外，縫製返口或把動物的耳朵等配件固定於表布時，可選用純棉材質的手縫線。

尼龍線

棉線

● 鈕扣類

本書的動物款式常會用黑色鈕扣來當眼睛，可以選用塑膠材質、圓型的立腳釦。立腳扣下端附有一個小環，縫製時只要穿過小環，就能把釦子縫在布料上。若怕不牢固，建議來回穿過小環3到4遍。

另外，色彩繽紛且有不同形狀的小顆平底扣，也很適合用來裝飾零錢包。直徑約0.5cm，藉由穿過上面的2個孔，就可以縫在布料上。

● 鋪棉

口金包的表布袋身最常使用的是單膠鋪棉，有不同的厚度，可依布料的厚薄選用。下圖為一般市面販售的單膠鋪棉，其中一面有塑膠粒，遇熱會融化黏合在布料上。

● 布襯

除了單膠鋪棉，口金包也常會使用不用厚度的布襯。其中一面有膠粒或背膠，通過熨斗加熱就可以跟布黏合，可加強布料的挺度，熨燙方法與鋪棉相同。常用的布襯可分3大類：

❶ **薄布襯：**部分動物零錢包的表布可使用較為柔軟且有彈性的絨毛布。可以先燙上薄布襯，再燙鋪棉，在車縫等作業時較好操作。

❷ **厚布襯：**常用於裡布的內袋或表布的外袋，加強挺度。

❸ **硬襯：**黏合在布料上後，會像厚卡紙一樣硬，常用於皮夾一類包款內裡的卡片層。

● 鋪棉熨燙方式

❶ 熨斗溫度調到wool（羊毛）或cotton（棉），不用開蒸汽。將表布背面朝上熨燙平整。

❷ 趁表布背面還有餘溫的時候，把鋪棉有膠的那面朝下放於表布背面，輕輕熨燙一下。

❸ 翻到表布正面均勻地熨燙，讓鋪棉的各個邊緣能更貼服地黏在表布上。

表布正面　　表布背面

表布正面

小提示

單膠鋪棉在使用上有個小缺點是手感較為蓬鬆，經過熨燙後比較不挺；其次，鋪棉上的塑膠粒在使用前很容易掉落或不均勻，也影響到跟布料的黏合度，使得邊緣處較容易脫落。這也是Misala做了口金包多年以來很大的一個困擾。

口金包有別於一般拉鍊的包包，袋身需要一定的挺度才能支撐口金框。若鋪棉黏合度不夠好或硬度不夠，整個成品的質感跟造型都不能達到最理想的效果。後來經過跟特定廠商長時間的測試跟配合後，Misala有了自己特別訂製的鋪棉，其中棉的材質是不織布，比一般鋪棉要紮實緊密，經過多次熨燙也不會影響膨度。另外，背面採用的是一整片的熱熔背膠，黏度比較穩定跟均勻。

＼ 常用手縫針法 ／

● 平針縫

書中常用於袋口壓線，針法簡單快速。

4入　　3出　　2入　　1出

❶ 從1出針後，針距約2mm處入針（2入），依此類推。完成後針步如照片所示。

● 藏針縫／對針縫

最常運用於縫合裡布的返口，或者是將動物耳朵或其他配件縫合在包體表面上。

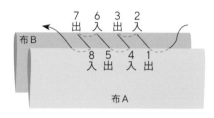

7　6　3　2
出　入　出　入
布 B

8　5　4　1
入　出　入　出

布 A

小訣竅

要掌握藏針縫，關鍵在於出針處1跟入針處2要在對等的位置，拉線的力度也要適中，太緊布會皺起來，太鬆縫線會外漏。

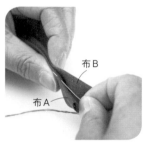

布 B
布 A

❶ 起針：從布A內側邊緣的下方起針後出針（1出），這樣線結就不會外露。

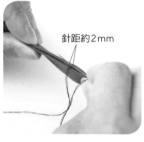

針距約2mm

❷ 從布B入針（2入），針距約2mm處出針（3出）。

針距約2mm

❸ 回到布A入針（4入），針距約2mm處出針（5出）。

❹ 依此類推，重複❷跟❸，線要適當的拉緊，縫線就會很好的藏起來。

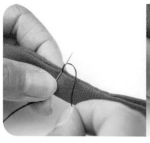

❺ 打結：把針緊貼在布邊，線繞一圈拉緊打結。

❻ 收結：將針穿入2片布之間的夾縫，用力拉出，就會把結拉進去，再剪掉線，就能完美的隱藏結。

● 回針縫

常用於縫合袋身，類似於機縫且最牢固的針法，適合還沒購入縫紉機的初學者。

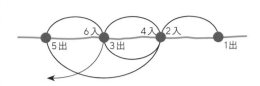

小訣竅

要掌握回針縫，針步要平整，針距要細（不超過3mm），翻到正面縫線才不會太顯眼，也會較為牢固。

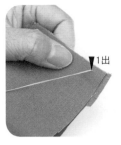

❶ 起針：穿過前後2片布料出針（1出）。

針距約2mm處下針（2入）。

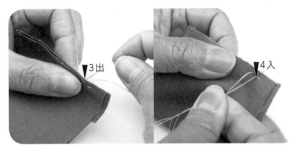

❷ 從後片布針距約2mm處出針（3出），在入針處2下針（4入）。（※2入與4入的位置為同一點）

❸ 如此類推，縫完後的正反兩面如照片所示，正面看起來就像機縫一樣。

● 毛毯縫／毛邊縫

書中常用於把不織布縫合於表布上。

❶ 起針：從布B的內側穿過去，布B的外側出針。

❷ 繞到布A的正面入針，從布A的背面拉出。

❸ 從布A的正面入針，穿過布B，針距約2mm。

把針壓緊，線繞一圈後拉緊。

❹ 依此類推，重複❸，完成針步如照片所示。

＼ 有孔口金框縫製方法 ／

有孔口金框的縫製方法，對於初學者會比較不好掌握。比起無孔口金框可以直接用黏貼的，有孔口金框需要用一針一線縫製，須時較長。若使用的布料或鋪棉偏厚，下針也要相當用力，甚至會把針縫到斷掉。另外，從裡布出針，也不好尋找孔洞位置，因為口金框只有外側有洞，內側是鐵片。建議初學者，可以先從寬度較小的口金框（約6到7cm）做做看，多縫幾次，慢慢有了手感後，再嘗試更寬的口金框。

❶ 從包體側邊的中心點相對折疊，找出前片跟後片的中心點，用消失筆畫出記號。

❷ 找出口金框的中心點，插入珠針做記號。以照片中的口金框為例，洞數為雙數28，中心點在第14跟15洞之間；若洞數為單數29，中心點就在第15洞。

❸ 把包體的前片塞入口金框的溝槽，對好中心點，左右兩側以珠針固定。

❹ 起針：從口金框從右往左數的第14洞入針。

15洞出針；再從14洞入針，15洞出針。

Misala在書中示範的包款以動物造型為主，口金框是否有縫在中心點是關鍵步驟，不然整個成品會歪掉，動物的耳朵或五官也會看起來歪歪的。

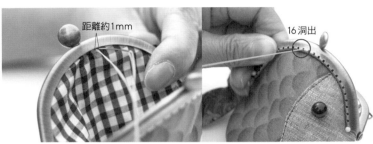

❺ 從右往左縫：從第16洞入針，離入針處往左距離約1mm出針。（※入針及出針都是同一個洞，裡布只有約1mm的針步，縫線也只露出不明顯的一小點）

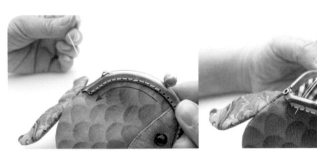

❻ 依此類推，從右往左縫到最後一個洞後，從倒數第2個洞出針。

❼ 打結：把針緊貼洞口，繞一圈打結。注意左手要壓緊結頭，右手再拉緊線。

❽ 收結：將針穿入打結的洞口，用力拉出，把結拉進洞內，剪掉線就完成。

這樣就完成單邊口金的二分之一，另一半也用同樣的方法，從右側第1個洞開始下針。若熟練縫法之後，也可以直接從右側第1個洞開始縫。

無孔口金框安裝方法

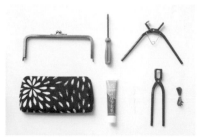

包體中心點

❶ 分別在包體前片跟後片的中心點做好記號。

❷ 在口金框其中一側的溝槽擠入膠水後，用攪拌棒均勻塗抹開來。

側邊中心點

❸ 把口金框末段的鉚釘對準包體左右兩側的中心點。

包體中心點

❹ 用嵌入鉗或錐子把布塞進口金框的溝槽，再稍微左右移動布料，確定口金框有對準包體的中心點。

❺ 用一字螺絲起子將棉繩從左到右塞進溝槽。棉繩要視包體的布料跟鋪棉厚度而調整粗細，重要的是必須填滿口金框的溝槽，才不容易脫落。

❻ 包體後片也用同樣的方法安裝。最後用口金固定鉗或尖嘴鉗把口金框的4個末端壓緊。為了避免鉗子按壓時口金框會留下刮痕，請墊上較厚的碎布或不織布。

小提示

對於初學者，這種黏貼的方法較容易掌握。而Misala自家的無孔口金框並不是用黏貼的方式，是透過配合的台灣老師傅用特定的模具，將整個口金框夾住布料後壓平。如照片所示，口金框與布料之間不會有空隙，以黏貼的方式則會產生空隙。

Part 2

口金包作品及教學

01

兩片式圓型零錢包

作法 第 018 頁
紙型 第 096 頁

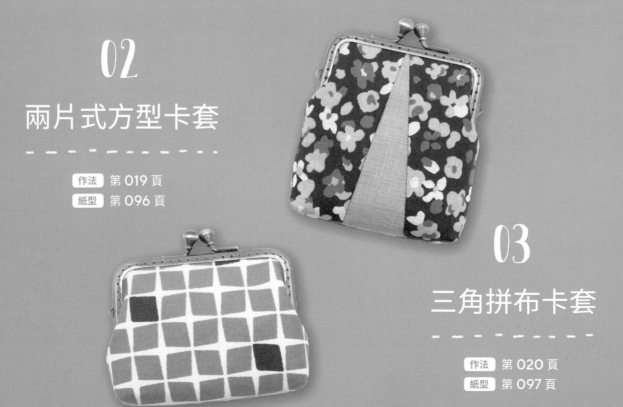

02

兩片式方型卡套

作法 第 019 頁
紙型 第 096 頁

03

三角拼布卡套

作法 第 020 頁
紙型 第 097 頁

04

長型手機包

作法 第 021 頁
紙型 第 097 頁

05

方型子母包

作法 第 022-023 頁
紙型 第 098 頁

01 兩片式圓型零錢包

 成品尺寸 約寬7.5cm×高8cm

材料

表布 ……………… 2片（鋪棉×2片）
裡布 ……………… 2片
彩色小鈕扣 ……… 直徑約0.5cm，適量

半圓形口金 ……… 寬7.5cm×高3cm，1枚
布料彩繪筆 ……… 依喜好

作法

1 布料請依紙型並預留0.7cm縫份裁剪，鋪棉依紙型裁剪（不含縫份），並將鋪棉用熨斗熨燙在表布上，裡布無須燙鋪棉。

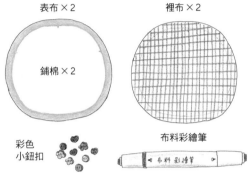

表布×2　　裡布×2

鋪棉×2

彩色小鈕扣　　布料彩繪筆

2 用布料彩繪筆在素色表布上依個人喜好畫出簡單的線條，再縫上簡單的彩色小鈕扣。（下圖為不同的圖案示範）

3 將**2**的2片表布正面相對重疊，依右圖虛線用回針縫或機縫縫合後，在圓弧處剪牙口。

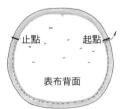

止點　　起點

表布背面

4 將2片裡布正面相對重疊，依下圖虛線用回針縫或機縫縫合，底部預留約6cm的返口，再翻到正面。

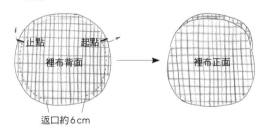

止點　　起點

裡布背面　→　裡布正面

返口約6cm

5 將裡布跟表布以正面相對重疊，用平針縫或機縫縫合袋口。

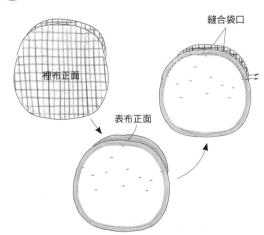

縫合袋口

裡布正面

表布正面

6 從裡布底部的返口翻至正面，用藏針縫或機縫縫合返口。袋口用平針縫或機縫於距邊線約0.1cm處壓縫。

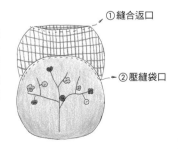

①縫合返口

②壓縫袋口

7 將袋口塞進口金框，並用珠針固定好側點跟中心點縫合口金（參照P12-13）。

◎2 兩片式方型卡套

材料

表布 ⋯⋯⋯⋯⋯⋯ 2片（鋪棉×2片）
裡布 ⋯⋯⋯⋯⋯⋯ 2片
方型口金 ⋯⋯⋯⋯ 寬10.5cm×高5cm，1枚

作法

1 布料請依紙型並預留0.7cm縫份裁剪，鋪棉依紙型裁剪（不含縫份），並將鋪棉用熨斗熨燙在表布上，裡布無須燙鋪棉。

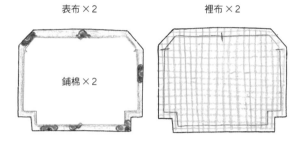

表布×2　　裡布×2

鋪棉×2

2 將2片表布正面相對，依下圖虛線用回針縫或機縫縫合兩側跟底部後，在底部縫合側襠。

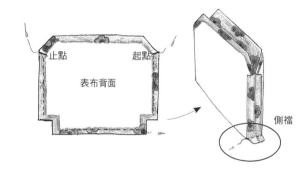

止點　　起點
表布背面
側襠

3 裡布作法與**2**的表布相同，依下圖虛線縫合兩側、底部（預留約6cm返口）跟側襠後，翻到正面。

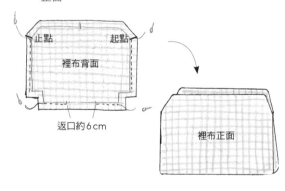

止點　　起點
裡布背面
返口約6cm
裡布正面

4 將裡布跟表布以正面相對重疊，用平針縫或機縫縫合袋口。

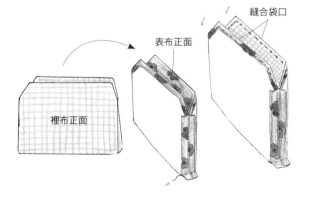

縫合袋口
表布正面
裡布正面

5 從裡布底部的返口翻至正面，用藏針縫或機縫縫合返口。袋口用平針縫或機縫於距邊線約0.1cm處壓縫。

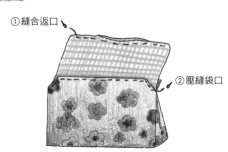

①縫合返口
②壓縫袋口

6 將袋口塞進口金框，並用珠針固定好側點跟中心點縫合口金（參照P12-13）。

○3 三角拼布卡套

成品尺寸 約寬9cm×高9cm×厚2cm

材料

表布A ·············2片（鋪棉×2片）　　　裡布 ·············2片
表布B ·············1片（鋪棉×1片）　　　方型口金 ···········寬9cm×高4.5cm，1枚
表布C ·············1片（鋪棉×1片）

作法

1 布料請依紙型並預留0.7cm縫份裁剪，鋪棉依紙型裁剪（不含縫份），並將鋪棉用熨斗熨燙在表布上。其中表布A的布料跟鋪棉要對稱裁剪。裡布無須燙鋪棉。

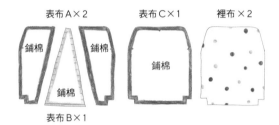

表布A×2　　　表布C×1　　　裡布×2

鋪棉　　鋪棉

鋪棉

鋪棉

表布B×1

2 將2片表布A分別跟表布B正面相對，依下圖虛線用回針縫或機縫縫合後，把縫份攤開備用。

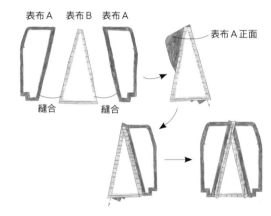

表布A　表布B　表布A

表布A正面

縫合　　縫合

3 將**2**完成的表布跟表布C正面相對，依下圖虛線用回針縫或機縫縫合兩側跟底部後，在底部縫合側襠。

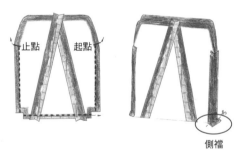

止點　　　起點

側襠

4 裡布作法與**3**的表布相同，依下圖虛線縫合兩側、底部（預留約6cm返口）跟側襠後，翻到正面。

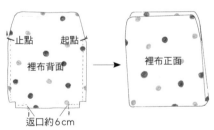

止點　　起點

裡布背面　　　→　　　裡布正面

返口約6cm

5 將裡布跟表布以正面相對重疊，用平針縫或機縫縫合袋口。

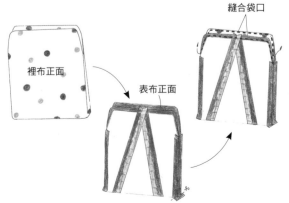

裡布正面

表布正面

縫合袋口

6 從裡布底部的返口翻至正面，用藏針縫或機縫縫合返口。袋口用平針縫或機縫於距邊線約0.1cm處壓縫。

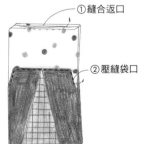

①縫合返口

②壓縫袋口

7 將袋口塞進口金框，並用珠針固定好側點跟中心點縫合口金（參照P12-13）。

◯4 長型手機包

成品尺寸 約寬10.5cm×高18cm×厚2cm

材料

表布A ············· 2片（鋪棉×2片）	織帶 ············· 約寬1.5cm×長140cm，1條
表布B ············· 1片（鋪棉×1片）	問號鉤 ············· 寬1.5cm，2個
裡布 ············· 1片	日字環 ············· 寬1.5cm，1個
方型口金 ············· 寬10.5cm×高5cm，1枚	

作法

1 布料請依紙型並預留0.7cm縫份裁剪，鋪棉依紙型裁剪（不含縫份），並將鋪棉用熨斗熨燙在表布上，裡布無須燙鋪棉。

2 將2片表布A分別跟表布B正面相對，依下圖虛線用回針縫或機縫縫合。

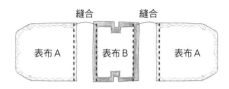

3 將**2**縫合好的表布正面相對對摺，依下圖虛線用回針縫或機縫縫合兩側後，在底部縫合側襠。

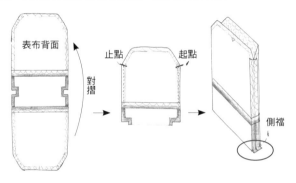

4 裡布作法與**3**的表布相同，依下圖虛線縫合兩側（預留約8cm返口）跟側襠後，翻到正面。將裡布跟表布以正面相對重疊，用平針縫或機縫縫合袋口。

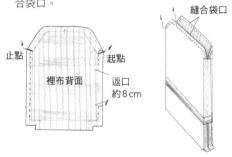

5 從裡布側邊的返口翻至正面，用藏針縫或機縫縫合返口。袋口用平針縫或機縫於距邊線約0.1cm處壓縫。將袋口塞進口金框，並用珠針固定好側點跟中心點縫合口金（參照P12-13）。

6 準備問號鉤、日字環跟織帶（織帶寬度跟顏色可依個人喜好而定，問號鉤及日字環須配合織帶寬度）。

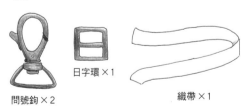

問號鉤×2　　日字環×1　　織帶×1

7 將織帶穿過日字環，依下圖虛線車縫固定。

8 將**7**固定在日字環上的織帶穿過問號鉤後，再次穿回日字環，最後穿過另一個問號鉤車縫固定，完成可調整長度的背帶。

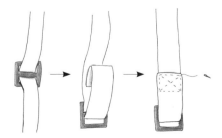 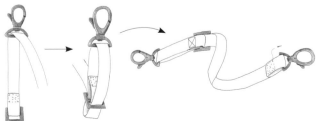

05 方型子母包
Rectangular Composite Bag

材料

表布A ⋯⋯⋯⋯⋯ 2片（鋪棉×2片）	裡布B ⋯⋯⋯⋯⋯ 2片
表布B ⋯⋯⋯⋯⋯ 2片（鋪棉×2片）	方型子母口金⋯ 寬13.5cm×高6cm（母）／
裡布A ⋯⋯⋯⋯⋯ 2片	寬11cm×高3.5cm（子），1枚

 HOW . TO . MAKE

①

表布A×2　裡布A×2
鋪棉×2
鋪棉×2
表布B×2　裡布B×2

方型子母口金
寬11cm
寬13.5cm

布料請依紙型並預留0.7cm縫份裁剪，鋪棉依紙型裁剪（不含縫份），並將鋪棉用熨斗熨燙在表布上，裡布無須燙鋪棉。

②

止點　表布A背面　起點

將2片表布A正面相對重疊，依照片虛線用回針縫或機縫縫合。

③

止點　裡布A背面　起點

裡布A正面

將2片裡布A正面相對重疊，依照片虛線用回針縫或機縫縫合，翻到正面備用。

④

裡布A正面

將裡布A跟表布A以正面相對重疊。

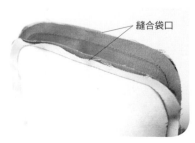

縫合袋口

用平針縫或機縫縫合袋口。

⑤

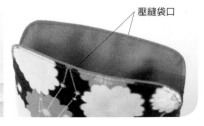

壓縫袋口

從表布A底部的開口翻至正面，用平針縫或機縫於距邊線約0.1cm處壓縫，完成包體A。

⑥

止點　表布B背面　起點

將2片表布B正面相對重疊，依照片虛線用回針縫或機縫縫合。

⑦

裡布B正面

止點　裡布B背面　起點

依紙型上的記號，將⑤完成的包體A固定在其中一片裡布B的縫份上，再跟另一片裡布B正面相對重疊，依照片虛線用回針縫或機縫縫合。

裡布B正面

將裡布B翻到正面備用。

⑧

裡布B正面

縫合袋口

返口約7cm

將⑦完成的裡布B跟表布B以正面相對重疊，用平針縫或機縫縫合袋口，其中一側預留約7cm返口。

⑨

縫合返口

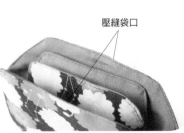

壓縫袋口

從上方預留的返口翻至正面，用藏針縫縫合返口後，用平針縫或機縫於距邊線約0.1cm處壓縫。

⑩

先黏合寬11cm的口金框，再黏合寬13.5cm的口金框（參照P14）。

06

草莓零錢包

作法　第 025 頁
紙型　第 098 頁

07

鳳梨零錢包

作法　第 026 頁
紙型　第 099 頁

08

西瓜零錢包

作法　第 027 頁
紙型　第 098 頁

○6 草莓零錢包

材料

表布 ……………… 2片（鋪棉×2片）　　綠色不織布 ………… 2片
裡布 ……………… 2片　　　　　　　　半圓型口金 ……… 寬7.5cm×高3cm，1枚

作法

1 布料請依紙型並預留0.7cm縫份裁剪，鋪棉跟不織布依紙型裁剪（不含縫份），並將鋪棉用熨斗熨燙在表布上，裡布無須燙鋪棉。

表布×2　　　裡布×2　　　綠色不織布×2

鋪棉×2

2 將綠色不織布用毛毯縫或機縫，依下圖虛線縫合於表布，共製作2片。

3 將**2**做好的2片表布正面相對，依下圖虛線用回針縫或機縫縫合後，在底部剪牙口。

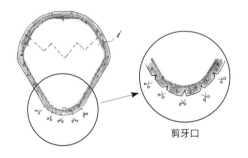

剪牙口

4 將2片裡布正面相對，依下圖虛線用回針縫或機縫縫合，側邊要預留約4cm返口，再翻到正面。

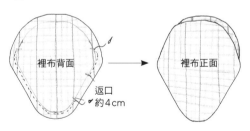

裡布背面　　　→　　　裡布正面

返口約4cm

5 將裡布跟表布以正面相對重疊，用平針縫或機縫縫合袋口。

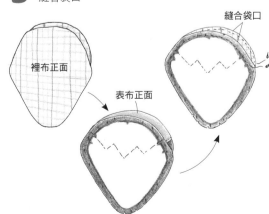

縫合袋口

裡布正面

表布正面

6 從裡布側邊的返口翻至正面，用藏針縫或機縫縫合返口。袋口用平針縫或機縫於距邊線約0.1cm處壓縫。

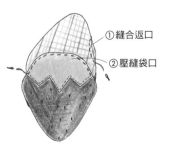

①縫合返口

②壓縫袋口

7 將袋口塞進口金框，並用珠針固定好側點跟中心點縫合口金（參照P12-13）。

○7 鳳梨零錢包

成品尺寸 約寬7.5cm×高10cm

材料

鳳梨表布 ············· 2片（鋪棉×2片）　　　葉子不織布 ··········· 2片
裡布 ······················ 2片　　　　　　　方型口金 ············· 寬7.5cm×高4cm，1枚

作法

1 布料請依紙型並預留0.7cm縫份裁剪，鋪棉跟不織布依紙型裁剪（不含縫份），並將鋪棉用熨斗熨燙在表布上，裡布無須燙鋪棉。

 鳳梨表布×2
鋪棉×2

 裡布×2

葉子不織布×2

2 將2片葉子不織布重疊，依下圖虛線用毛毯縫或機縫縫合，在下方預留約1.5cm返口。從返口塞入棉花後，用毛毯縫或機縫縫合返口備用。

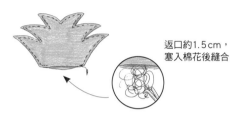

返口約1.5cm，塞入棉花後縫合

3 依右圖圖示，用消失筆在2片鳳梨表布上畫出交錯的線條，再用平針縫或機縫壓線。

4 把**3**的2片表布正面相對重疊，依右圖虛線用回針縫或機縫縫合。

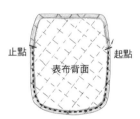

止點　起點
表布背面

5 將2片裡布正面相對，依下圖虛線用回針縫或機縫縫合，底部要預留約5cm的返口，再翻到正面。

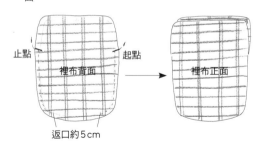

止點　起點
裡布背面　　裡布正面

返口約5cm

6 將裡布跟表布以正面相對重疊，用平針縫或機縫縫合袋口。

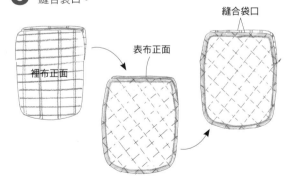

縫合袋口
表布正面
裡布正面

7 從裡布底部的返口翻至正面，用藏針縫或機縫縫合返口。袋口用平針縫或機縫於距邊線約0.1cm處壓縫。

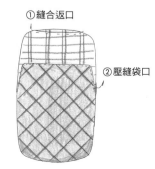

①縫合返口
②壓縫袋口

8 將袋口塞進口金框，並用珠針固定好側點跟中心點縫合口金（參照P12-13）。將**2**的葉子用藏針縫縫在適合的位置上。

◯8 西瓜零錢包

材料

表布A ······················2片（鋪棉×2片）
表布B ······················2片（鋪棉×2片）
裡布A ······················2片

裡布B ······················2片
半圓型口金 ···············寬8.5cm×高4cm，1枚
布料彩繪筆 ···············黑色，1枝

作法

1 布料請依紙型並預留0.7cm縫份裁剪，鋪棉依紙型裁剪（不含縫份），並將鋪棉用熨斗熨燙在表布上，裡布無須燙鋪棉。

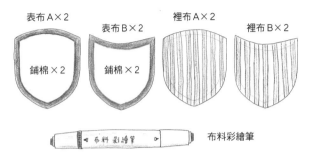

表布A×2　鋪棉×2
表布B×2　鋪棉×2
裡布A×2
裡布B×2

布料彩繪筆

2 在表布A的正面，依個人喜好用黑色的布料彩繪筆畫出西瓜籽，共製作2片。

表布A正面

3 將**2**做好的其中1片表布A跟表布B正面相對，固定2個尖點後，依下圖虛線用回針縫或機縫縫合。依下圖用同樣的方法組合剩下的表布A及表布B，並於側邊及上方剪牙口。

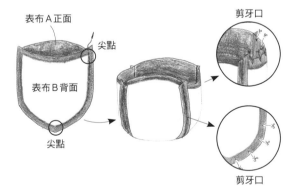

表布A正面
尖點
表布B背面
尖點
剪牙口
剪牙口

4 裡布組合方法與**3**的表布相同，其中一側預留約6cm返口，再翻到正面。

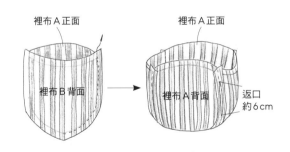

裡布A正面
裡布B背面
裡布A正面
裡布A背面
返口約6cm

5 把裡布跟表布以正面相對重疊，用平針縫或機縫縫合袋口。

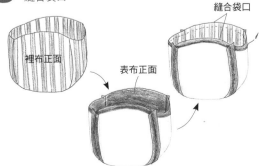

縫合袋口
裡布正面
表布正面

6 從裡布側邊的返口翻至正面，用藏針縫或機縫縫合返口。袋口用平針縫或機縫於距邊線約0.1cm處壓縫。

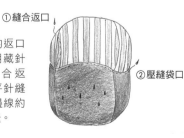

①縫合返口
②壓縫袋口

7 將袋口塞進口金框，並用珠針固定好側點跟中心點縫合口金（參照P12-13）。

09

冰淇淋零錢包

- - - - - - - - - - - - - - -

作法　第 030 頁
紙型　第 099 頁

10

杯子蛋糕零錢包

作法　第 031 頁
紙型　第 099 頁

○9 冰淇淋零錢包

材料

表布A ·················2片（鋪棉×2片）
表布B ·················2片（鋪棉×2片）
裡布 ·················2片
半圓型口金·········寬7.5cm×高3cm，1枚

作法

1 布料請依紙型並預留0.7cm縫份裁剪，鋪棉依紙型裁剪（不含縫份），並將鋪棉用熨斗熨燙在表布上，裡布無須燙鋪棉。

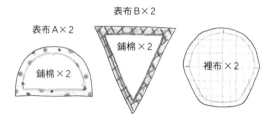

2 將表布A跟表布B正面相對重疊，依下圖虛線用回針縫或機縫縫合，共製作2片。

3 將**2**做好的2片表布正面相對重疊，依下圖虛線用回針縫或機縫縫合後，剪掉底部三角型多餘的縫份。

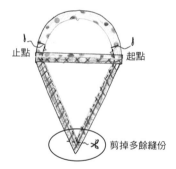

4 將2片裡布正面相對，依下圖虛線用回針縫或機縫縫合，底部要預留約4cm的返口，再翻到正面。

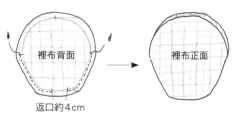

5 將裡布跟表布以正面相對重疊，用平針縫或機縫縫合袋口。

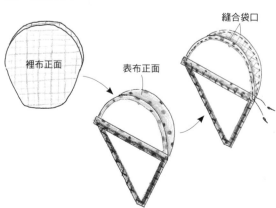

6 從裡布底部的返口翻至正面，用藏針縫或機縫縫合返口。袋口用平針縫或機縫於距邊線約0.1cm處壓縫。

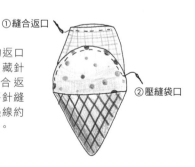

7 將袋口塞進口金框，並用珠針固定好側點跟中心點縫合口金（參照P12-13）。

10 杯子蛋糕零錢包

材料

表布A ·················2片（鋪棉×2片）
表布B ·················1片（鋪棉×1片）

裡布 ·················1片
半圓型口金·········寬7.5cm×高3cm，1枚

作法

1 布料請依紙型並預留0.7cm縫份裁剪，鋪棉依紙型裁剪（不含縫份），並將鋪棉用熨斗熨燙在表布上，裡布無須燙鋪棉。

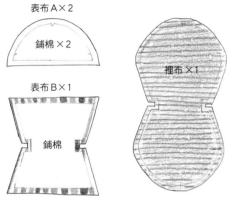

表布A×2
鋪棉×2
表布B×1
鋪棉
裡布×1

2 將2片表布A分別跟表布B正面相對，依下圖虛線用回針縫或機縫縫合。

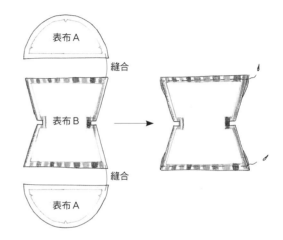

表布A
縫合
表布B
縫合
表布A

3 將**2**縫合好的表布正面相對對摺，依下圖虛線用回針縫或機縫縫合兩側後，在底部縫合側襠。

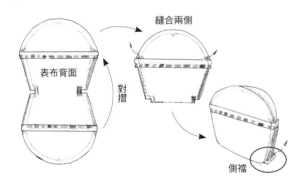

表布背面
對摺
縫合兩側
側襠

4 裡布作法與**3**的表布相同，依下圖虛線縫合兩側（預留約4cm返口）跟側襠後，翻到正面。

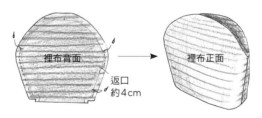

裡布背面
裡布正面
返口約4cm

5 將裡布跟表布以正面相對重疊，用平針縫或機縫縫合袋口。

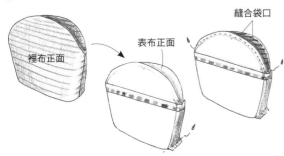

裡布正面
表布正面
縫合袋口

6 從裡布側邊的返口翻至正面，用藏針縫或機縫縫合返口。袋口用平針縫或機縫於距邊線約0.1cm處壓縫。

①縫合返口
②壓縫袋口

7 將袋口塞進口金框，並用珠針固定好側點跟中心點縫合口金（參照P12-13）。

11

蘑菇零錢包

作法　第 033 頁
紙型　第 100 頁

12

雨傘零錢包

作法　第 034-035 頁
紙型　第 100 頁

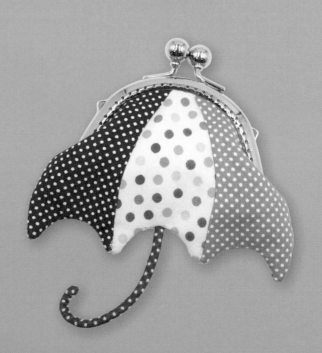

11 蘑菇零錢包

材料

菇傘表布 …………… 2片（鋪棉×2片）
菇柄表布 …………… 2片

裡布 ……………… 2片
半圓型口金 ………… 寬8.5cm×高4cm，1枚

作法

1 布料請依紙型並預留0.7cm縫份裁剪，鋪棉依紙型裁剪（不含縫份），並將鋪棉用熨斗熨燙在菇傘表布上，菇柄表布跟裡布無須燙鋪棉。

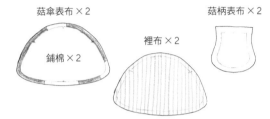

菇傘表布×2　鋪棉×2
裡布×2
菇柄表布×2

2 在其中1片菇柄表布上用黑色線縫上眼睛跟嘴巴後，將2片菇柄表布正面相對重疊，依下圖虛線縫合，側邊要預留約1.5cm返口，再翻至正面。

返口約1.5cm

3 將**2**做好的菇柄依紙型上的記號固定在其中1片菇傘表布正面。將2片菇傘表布正面相對重疊，依下圖虛線用回針縫或機縫縫合。

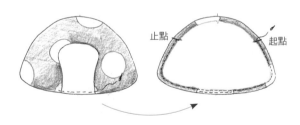

止點　起點

4 將2片裡布正面相對，依下圖虛線用回針縫或機縫縫合，底部要預留約6cm的返口，再翻到正面。

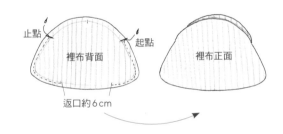

止點　起點
裡布背面　裡布正面
返口約6cm

5 將裡布跟表布以正面相對重疊，用平針縫或機縫縫合袋口。

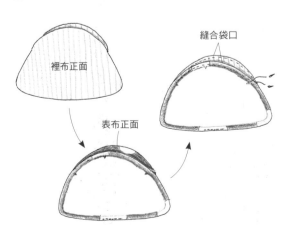

縫合袋口
裡布正面
表布正面

6 從裡布底部的返口翻至正面，用藏針縫或機縫縫合裡布返口。袋口用平針縫或機縫於距邊線約0.1cm處壓縫。從菇柄返口塞入適量棉花後，用藏針縫縫合返口。

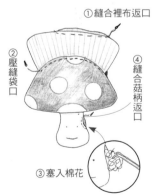

①縫合裡布返口
②壓縫袋口
④縫合菇柄返口
③塞入棉花

7 將袋口塞進口金框，並用珠針固定好側點跟中心點縫合口金（參照P12-13）。

12. 雨傘零錢包
Umbrella Coin Purse

成品尺寸

約寬8.5cm
高5cm

材料

綠色表布A ………… 2片（鋪棉×2片）	布塊 ………………… 長7cm×寬1cm，1片
紅色表布A ………… 2片（鋪棉×2片）	棉繩 ………………… 長6cm，1條
表布B ……………… 2片（鋪棉×2片）	半圓型口金 ………… 寬8.5cm×高4cm，1枚
裡布 ………………… 2片	

 HOW . TO . MAKE

①

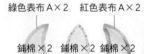

布料請依紙型並預留0.7cm縫份裁剪，鋪棉依紙型裁剪（不含縫份），並將鋪棉用熨斗熨燙在表布上。其中表布A的布料跟鋪棉要對稱裁剪。裡布無須燙鋪棉。

②

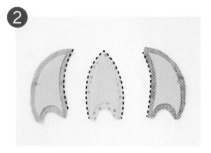

依照片虛線標示，把各片表布A跟表布B的側邊剪好牙口。

③

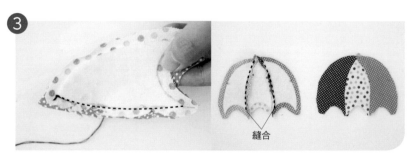

將綠色表布A跟表布B正面相對，依照片虛線用回針縫或機縫縫合，再跟紅色表布A縫合，共製作2片。

④

如照片圖示，將布塊的其中一端往內摺約0.5cm，再從兩側往中心線摺疊並燙平。將棉繩置於中心線處，用布塊包裹棉繩。

以藏針縫縫合接縫，完成傘把。

5

將傘把固定在 ❸ 做好的其中一片表布中心點的縫份上。

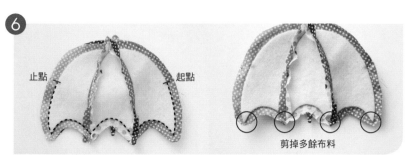

6

止點　　起點

剪掉多餘布料

將2片表布正面相對重疊，依照片虛線用回針縫或機縫縫合，並剪掉4處末端多餘的布料。

7

止點　　裡布背面　　起點

返口約6cm

將2片裡布正面相對，依照片虛線用回針縫或機縫縫合，底部要預留約6cm的返口，再翻到正面。

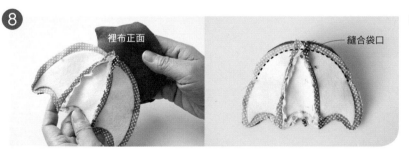

8

裡布正面

縫合袋口

將裡布跟表布以正面相對重疊，用平針縫或機縫縫合袋口。

9

返口

從裡布底部的返口翻至正面。

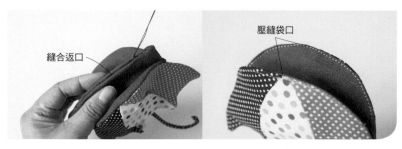

縫合返口

壓縫袋口

用藏針縫或機縫縫合裡布返口。袋口用平針縫或機縫於距邊線約0.1cm處壓縫。

10

將袋口塞進口金框，並用珠針固定好側點跟中心點縫合口金（參照P12-13）。

13

烏龜零錢包

作法　第 037 頁
紙型　第 102 頁

15

小鳥零錢包

作法　第 039 頁
紙型　第 101 頁

14

公雞零錢包

作法　第 038 頁
紙型　第 101 頁

13 烏龜零錢包

成品尺寸 約寬8.5cm×高9cm

材料

身體表布 …………2片（鋪棉×2片）　　頭部表布 …………2片
腿部表布 …………4片（鋪棉×2片）　　裡布 …………2片
尾巴表布 …………2片（鋪棉×1片）　　半圓型口金 …………寬8.5cm×高4cm，1枚

作法

1 布料請依紙型並預留0.7cm縫份裁剪，鋪棉依紙型裁剪（不含縫份），並將鋪棉用熨斗熨燙在表布上，頭部表布跟裡布無須燙鋪棉。

身體表布×2　　裡布×2

鋪棉×2

腿部表布×4　　尾巴表布×2　　頭部表布×2

鋪棉×2　　　　鋪棉

3 將1片燙有鋪棉的腿部表布與另一片沒有鋪棉的正面相對重疊，依下圖虛線用回針縫或機縫縫合後，翻至正面備用，共製作2組。尾巴用同樣的方法縫合並翻面備用。

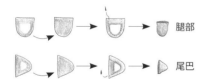

腿部

尾巴

5 將2片裡布正面相對，依下圖虛線用回針縫或機縫縫合，底部要預留約5cm的返口，再翻到正面。

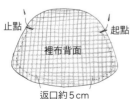

止點　　　起點

裡布背面

返口約5cm

7 從裡布底部的返口翻至正面，用藏針縫或機縫縫合裡布返口。袋口用平針縫或機縫於距邊線約0.1cm處壓縫。從頭部返口塞入適量棉花後，用藏針縫縫合返口。

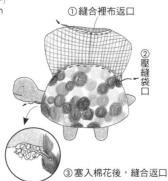

①縫合裡布返口

②壓縫袋口

③塞入棉花後，縫合返口

2 2片頭部表布上各自用黑色線縫上眼睛跟嘴巴後，正面相對重疊依下圖虛線縫合，在下方預留約1.5cm返口，翻至正面備用。

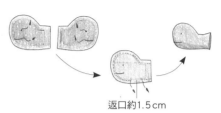

返口約1.5cm

4 將頭部、腿部跟尾巴依紙型上的記號用平針縫或機縫固定在其中1片身體表布正面。將2片表布正面相對重疊，依下圖虛線用回針縫或機縫縫合。

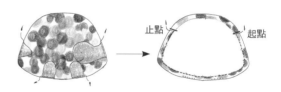

止點　　　　起點

6 將裡布跟表布以正面相對重疊，用平針縫或機縫縫合袋口。

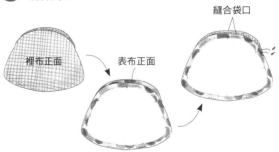

縫合袋口

裡布正面　　　表布正面

8 將袋口塞進口金框，並用珠針固定好側點跟中心點縫合口金（參照P12-13）。

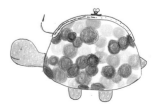

14 公雞零錢包

材料

身體表布 …………… 2片（鋪棉×2片）　　雞冠表布 …………… 2片　　　　裡布 …………… 2片
翅膀表布 …………… 4片（鋪棉×2片）　　雞下巴表布 ………… 2片　　　　黑色鈕扣 …………… 2顆
尾巴表布 …………… 2片（鋪棉×1片）　　雞喙表布 …………… 2片　　　　方型口金 …………… 寬7.5cm×高4cm，1枚

作法

1 布料請依紙型並預留0.7cm縫份裁剪，鋪棉依紙型裁剪（不含縫份），並將鋪棉用熨斗熨燙在身體、翅膀及尾巴表布上。

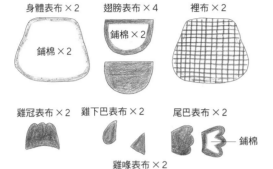

身體表布×2　　鋪棉×2

翅膀表布×4　　鋪棉×2

裡布×2

雞冠表布×2　　雞下巴表布×2　　尾巴表布×2　　鋪棉

雞喙表布×2

2 將1片燙有鋪棉的翅膀表布與另一片沒有鋪棉的正面相對重疊，依下圖虛線用回針縫或機縫縫合，上方要預留約3cm返口，翻至正面縫合返口備用，共製作2組。尾巴用同樣的方式縫合、剪好牙口後翻至正面備用。

返口約3cm　　縫合返口　　剪牙口

翅膀　　　　　　　　　　尾巴

4 依紙型上的記號，將翅膀用藏針縫或機縫，尾巴、雞喙及雞下巴用平針縫或機縫固定在其中1片身體表布正面，並縫上鈕扣。另一片只需縫上翅膀和鈕扣。

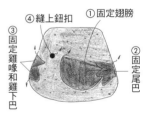

①固定翅膀　　④縫上鈕扣　　③固定雞喙和雞下巴　　②固定尾巴

3 將2片雞冠表布正面相對重疊，依下圖虛線用回針縫或機縫縫合，剪好牙口翻至正面，塞入適量棉花後縫合返口。雞下巴跟雞喙作法與雞冠相同，依下圖虛線縫合後翻至正面備用。

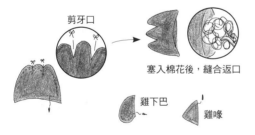

剪牙口

塞入棉花後，縫合返口

雞下巴　　雞喙

5 將4做好的2片表布正面相對重疊，依下圖虛線用回針縫或機縫縫合。裡布作法與表布相同，依下圖虛線縫合（底部預留約5cm返口）後，翻到正面。

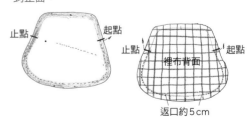

止點　　起點　　止點　　起點　　裡布背面

返口約5cm

6 將裡布跟表布以正面相對重疊，用平針縫或機縫縫合袋口。從裡布底部的返口翻至正面，用藏針縫或機縫縫合裡布返口。袋口用平針縫或機縫於距邊線約0.1cm處壓縫。

縫合袋口

①縫合返口

②壓縫袋口

7 將袋口塞進口金框，並用珠針固定好側點跟中心點縫合口金（參照P12-13）。將3的雞冠用藏針縫固定在表布上，位置可依個人喜好而定。

①縫合口金　　②固定雞冠

15 小鳥零錢包

材料

身體表布 …………… 2片（鋪棉×2片）
翅膀表布 …………… 4片（鋪棉×2片）
嘴巴表布 …………… 2片

裡布 …………… 2片
黑色鈕扣 …………… 2顆
半圓型口金 …………… 寬8.5cm×高4cm，1枚

作法

1 布料請依紙型並預留0.7cm縫份裁剪，身體跟翅膀的鋪棉依紙型對稱裁剪（不含縫份），並將鋪棉用熨斗熨燙在表布上，嘴巴表布跟裡布無須燙鋪棉。

身體表布×2　　裡布×2　　翅膀表布×4
鋪棉×2

嘴巴表布×2

2 將1片燙有鋪棉的翅膀表布與另一片沒有鋪棉的正面相對重疊，依下圖虛線用回針縫或機縫縫合，右上要預留約3cm返口，剪好牙口後翻至正面縫合返口備用，共製作2組。嘴巴用同樣的方法縫合，並翻至正面備用。

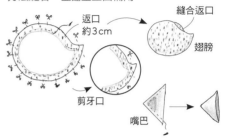
返口約3cm　縫合返口　翅膀
剪牙口　嘴巴

3 依紙型上的記號，將翅膀用藏針縫或機縫，嘴巴用平針縫或機縫固定於其中1片身體表布正面，並縫上鈕扣。另一片只需縫上翅膀和鈕扣。

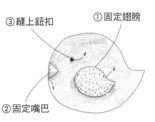
③縫上鈕扣　①固定翅膀
②固定嘴巴

4 將3做好的2片表布正面相對重疊，依下圖虛線用回針縫或機縫縫合，剪掉尾巴多餘的縫份並剪好牙口。

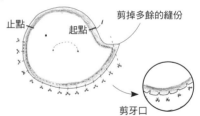
止點　起點　剪掉多餘的縫份
剪牙口

5 將2片裡布正面相對，依下圖虛線用回針縫或機縫縫合，底部要預留約5cm的返口，再翻到正面。

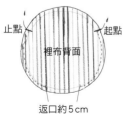
止點　起點
裡布背面
返口約5cm

6 將裡布跟表布以正面相對重疊，用平針縫或機縫縫合袋口。

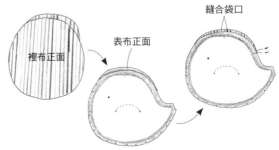
縫合袋口　表布正面
裡布正面

7 從裡布底部的返口翻至正面，用藏針縫或機縫縫合返口。袋口用平針縫或機縫於距邊線約0.1cm處壓縫。

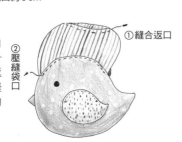
①縫合返口
②壓縫袋口

8 將袋口塞進口金框，並用珠針固定好側點跟中心點縫合口金（參照P12-13）。

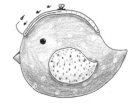

16

鯨魚零錢包

作法　第 042 頁
紙型　第 102 頁

17

海豚零錢包

作法　第 043 頁
紙型　第 102-103 頁

18

金魚零錢包

作法　第 044-045 頁
紙型　第 103 頁

16 鯨魚零錢包

成品尺寸 約寬8.5cm×高9cm

材料

表布 ··················· 2片（鋪棉×2片）　　　黑色鈕扣 ············· 2顆
裡布 ··················· 2片　　　　　　　　　半圓型口金 ········· 寬8.5cm×高4cm，1枚

作法

1 布料請依紙型並預留0.7cm縫份裁剪，鋪棉依紙型裁剪（不含縫份），並將鋪棉用熨斗熨燙在表布上，裡布無須燙鋪棉。

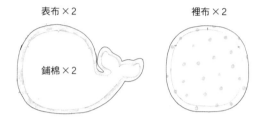

表布×2　　　　　　裡布×2

鋪棉×2

2 依紙型上的記號在表布正面縫上嘴巴跟黑色鈕釦，共製作2片。

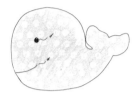

3 將**2**做好的2片表布正面相對重疊，依下圖虛線用回針縫或機縫縫合。剪掉尾巴末端多餘的縫份，並剪好牙口。

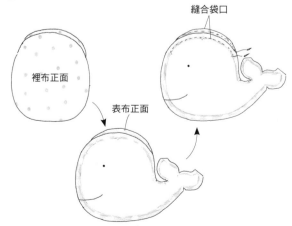

剪掉多餘的縫份

止點　　起點

4 將2片裡布正面相對，依下圖虛線用回針縫或機縫縫合，底部要預留約5cm的返口，再翻到正面。

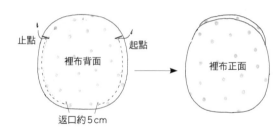

止點　　　　起點
裡布背面　　　　　裡布正面
返口約5cm

5 將裡布跟表布以正面相對重疊，用平針縫或機縫縫合袋口。

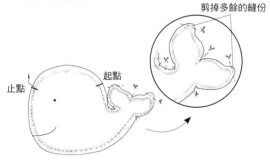

縫合袋口

裡布正面

表布正面

6 從裡布底部的返口翻至正面，用藏針縫或機縫縫合返口。袋口用平針縫或機縫於距邊線約0.1cm處壓縫。

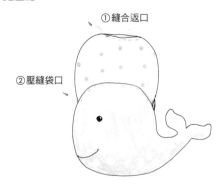

①縫合返口

②壓縫袋口

7 將袋口塞進口金框，並用珠針固定好側點跟中心點縫合口金（參照P12-13）。

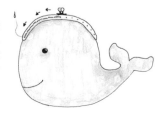

17 海豚零錢包

成品尺寸 約寬7.5cm×高10cm

材料

身體表布 …………… 2片（鋪棉×2片）
背鰭表布 …………… 2片（鋪棉×1片）
胸鰭表布 …………… 2片（鋪棉×1片）
肚子不織布 …………… 2片

裡布 …………… 2片
黑色鈕扣 …………… 2顆
半圓型口金 ………… 寬7.5cm×高3cm，1枚

作法

1 布料請依紙型並預留0.7cm縫份裁剪，鋪棉跟不織布依紙型對稱裁剪（不含縫份），並將鋪棉用熨斗熨燙在表布上，裡布無須燙鋪棉。

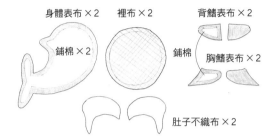

身體表布×2　裡布×2　背鰭表布×2
鋪棉×2　鋪棉　胸鰭表布×2
肚子不織布×2

2 將1片燙有鋪棉的背鰭表布與另一片沒有鋪棉的正面相對重疊，依下圖虛線用回針縫或機縫縫合後，翻至正面備用。胸鰭用同樣的方法縫合並翻面備用。

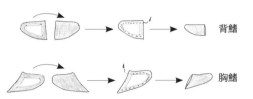

背鰭
胸鰭

3 將肚子不織布依紙型上的記號用毛毯縫、平針縫或機縫固定在其中1片身體表布正面；背鰭、胸鰭用平針縫或機縫固定，並縫上鈕扣。另一片只需固定肚子不織布和縫上鈕扣。

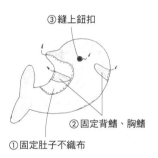

③縫上鈕扣
②固定背鰭、胸鰭
①固定肚子不織布

4 將3做好的2片表布正面相對重疊，依右圖虛線用回針縫或機縫縫合。

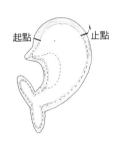

起點　止點

5 將2片裡布正面相對重疊，依下圖虛線用回針縫或機縫縫合，底部要預留約5cm的返口，再翻到正面。

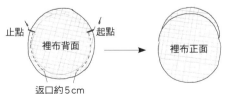

止點　起點
裡布背面　裡布正面
返口約5cm

6 將裡布跟表布以正面相對重疊，用平針縫或機縫縫合袋口。

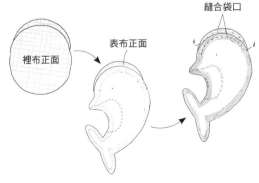

縫合袋口
表布正面
裡布正面

7 從裡布底部的返口翻至正面，用藏針縫或機縫縫合返口。袋口用平針縫或機縫於距邊線約0.1cm處壓縫。

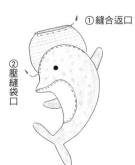

①縫合返口
②壓縫袋口

8 將袋口塞進口金框，並用珠針固定好側點跟中心點縫合口金（參照P12-13）。

18. 金魚零錢包
Goldfish Coin Purse

成品尺寸

約寬8.5cm
高9cm

材料

身體表布	2片（鋪棉×2片）	頭部表布	2片
魚鰭表布	4片（鋪棉×2片）	裡布	2片
魚尾表布	2片（鋪棉×1片）	黑色鈕扣	2顆
嘴巴表布	2片（鋪棉×1片）	半圓型口金	寬8.5cm×高4cm，1枚

 HOW . TO . MAKE ——————

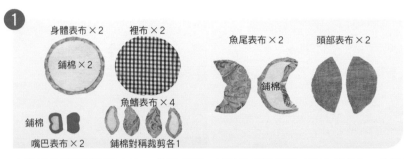

① 布料請依紙型並預留0.7cm縫份裁剪，鋪棉依紙型裁剪（不含縫份），並將鋪棉用熨斗熨燙在表布上，裡布跟頭部表布無須燙鋪棉。

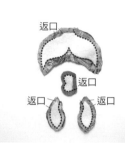

② 將魚尾、嘴巴跟魚鰭表布各自正面相對重疊，依照片虛線用回針縫或機縫縫合。

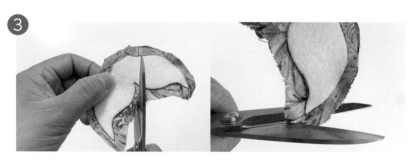

③ 如照片所示，把魚尾中間跟兩側末端多餘的縫份剪掉，這樣翻到正面後，彎曲處的弧度才會平順。

④ 將嘴巴、魚尾跟魚鰭都翻到正面。魚尾跟魚鰭縫合 ② 標示的返口。

⑤ 依照片虛線標示，用熨斗把頭部的縫份往內摺好燙平。

⑥ 將頭部跟魚鰭表布依紙型上的記號用平針縫或機縫固定在身體表布正面，共製作2片。

依紙型上的記號縫上鈕扣。

將❻做好的2片表布正面相對重疊，依紙型上的記號夾入嘴巴跟尾巴，再依照片虛線用回針縫或機縫從起點到止點。2片裡布同樣正面相對重疊，依照片虛線縫合，底部要預留約6cm的返口，再翻到正面。

將裡布跟表布以正面相對重疊，用平針縫或機縫縫合袋口。

兩邊的袋口都剪牙口。

從裡布底部的返口翻至正面，並用藏針縫縫合返口。

袋口燙平整後，用平針縫或機縫於距邊線約0.1cm處壓縫。

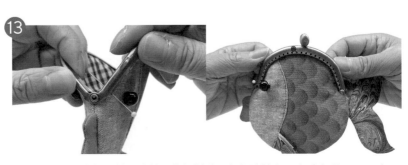

將袋身對摺後，用消失筆畫出中心點記號。

將袋口塞進口金框，並用珠針固定好側點跟中心點縫合口金（參照P12-13）。

20

貓咪零錢包

作法　第 048 頁
紙型　第 104 頁

19

小豬零錢包

作法　第 047 頁
紙型　第 104 頁

21

老鼠零錢包

作法　第 049 頁
紙型　第 105 頁

22

小蝸牛零錢包

作法　第 050-051 頁
紙型　第 105 頁

19 小豬零錢包

成品尺寸 約寬8.5cm×高8cm

材料

身體表布 ·············· 2片（鋪棉×2片）
耳朵表布 ·············· 4片（鋪棉×2片）
鼻子表布 ·············· 1片
裡布 ·················· 2片

棉繩 ·················· 約長5cm，1條
黑色鈕扣 ·············· 2顆
拱型口金 ·············· 寬8.5cm×高3.5cm，1枚

作法

1 布料請依紙型並預留0.7cm縫份裁剪，鋪棉依紙型裁剪（不含縫份），並將鋪棉用熨斗熨燙在表布上，鼻子表布跟裡布無須燙鋪棉。

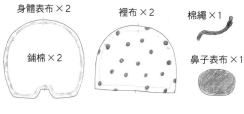

3 依下圖虛線沿著鼻子表布平針縫一圈並抽緊，塞入適量棉花後，縫上鼻孔。

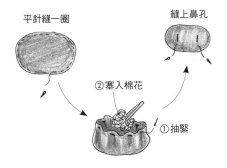

5 將**4**做好的2片表布正面相對，依下圖虛線用回針縫或機縫縫合，剪掉腳部末端多餘的縫份4處，轉角處剪牙口。裡布作法與表布相同，依下圖虛線縫合（底部預留約5cm返口）後，翻到正面。

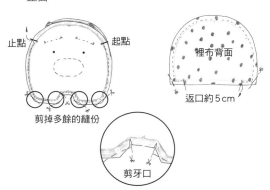

2 將1片燙有鋪棉的耳朵表布與另一片沒有鋪棉的正面相對重疊，依下圖虛線用回針縫或機縫縫合，剪掉多餘的縫份後，翻至正面縫合返口備用，共製作2組。

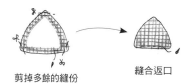

剪掉多餘的縫份   縫合返口

4 將耳朵跟鼻子依紙型上的記號用藏針縫固定在其中1片身體表布正面，再縫上鈕扣。棉繩用平針縫或機縫固定在另一片身體表布正面。

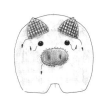 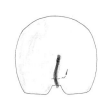

6 將裡布跟表布以正面相對重疊，用平針縫或機縫縫合袋口。從裡布底部的返口翻至正面，用藏針縫或機縫縫合返口。袋口用平針縫或機縫於距邊線約0.1cm處壓縫。

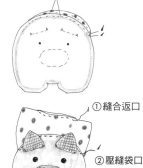

7 將袋口塞進口金框，並用珠針固定好側點跟中心點縫合口金（參照P12-13）。

20 貓咪零錢包

材料

頭部表布 .... 2片（鋪棉×2片）　　黑色不織布 2片
耳朵表布 .... 4片　　　　　　　　裡布 2片
黃色不織布 .... 2片　　　　　　　半圓型口金 .... 寬8.5cm×高4cm，1枚

作法

1 布料請依紙型並預留0.7cm縫份裁剪，鋪棉跟不織布依紙型裁剪（不含縫份），並將鋪棉用熨斗熨燙在頭部表布上。

頭部表布×2　　　　　　　裡布×2

鋪棉×2

黃色不織布×2　黑色不織布×2　耳朵表布×4

3 依紙型上的記號，在其中1片頭部表布正面縫上鼻子、嘴巴、鬍鬚；用毛毯縫或平針縫依序縫上黃色及黑色不織布，並用藏針縫或機縫縫上耳朵。

5 將裡布跟表布以正面相對重疊，用平針縫或機縫縫合袋口。

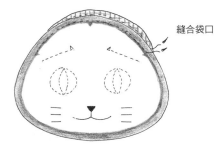

縫合袋口

2 將2片耳朵表布正面相對重疊，依下圖虛線用回針縫或機縫縫合後，剪掉末端多餘的縫份，再翻至正面縫合返口備用，共製作2組。

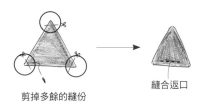

剪掉多餘的縫份　　　　　　縫合返口

4 將2片頭部表布正面相對重疊，依下圖虛線用回針縫或機縫縫合。裡布作法與表布相同，依下圖虛線縫合（底部預留約5cm返口）後，翻到正面。

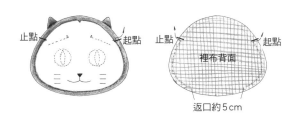

止點　　　起點　　　止點　　　　　起點
裡布背面
返口約5cm

6 從裡布底部的返口翻至正面，用藏針縫或機縫縫合返口。袋口用平針縫或機縫於距邊線約0.1cm處壓縫。

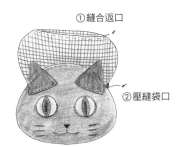

①縫合返口
②壓縫袋口

7 將袋口塞進口金框，並用珠針固定好側點跟中心點縫合口金（參照P12-13）。

21 老鼠零錢包

材料

身體表布A ⋯⋯⋯⋯2片（鋪棉×2片）
身體表布B ⋯⋯⋯⋯2片（鋪棉×2片）
裡布 ⋯⋯⋯⋯⋯⋯⋯2片
耳朵表布 ⋯⋯⋯⋯⋯4片（鋪棉×2片）

棉繩 ⋯⋯⋯⋯⋯⋯⋯長5cm，1條
黑色鈕扣 ⋯⋯⋯⋯⋯2顆
拱型口金 ⋯⋯⋯⋯⋯寬8.5cm×高3.5cm，1枚

作法

1 布料請依紙型並預留0.7cm縫份裁剪，鋪棉依紙型裁剪（不含縫份），並將鋪棉用熨斗熨燙在表布上，裡布無須燙鋪棉。

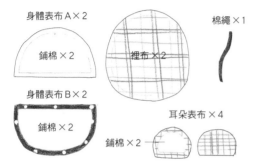

2 將1片燙有鋪棉的耳朵表布與另一片沒有鋪棉的正面相對重疊，依下圖虛線用回針縫或機縫縫合後，翻至正面縫合返口備用，共製作2組。

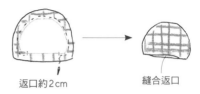

返口約2cm　　　　縫合返口

3 依紙型上的記號，將**2**做好的耳朵固定在身體表布A正面，再縫上黑色鈕扣、鼻子、嘴巴、牙齒跟鬍鬚。將棉繩固定在其中1片身體表布B的縫份上。

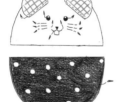

4 將身體表布A跟身體表布B正面相對重疊，依下圖虛線用回針縫或機縫縫合，共製作2片。

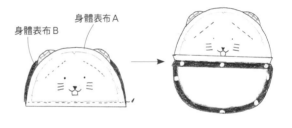

身體表布B　　身體表布A

5 將**4**做好的2片表布正面相對，依下圖虛線用回針縫或機縫縫合。裡布作法與表布相同，依下圖虛線縫合（底部預留約5cm返口）後，翻到正面。

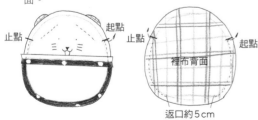

止點　　　起點　　止點　　　　起點
裡布背面
返口約5cm

6 將裡布跟表布以正面相對重疊，用平針縫或機縫縫合袋口。

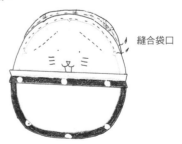

縫合袋口

7 從裡布底部的返口翻至正面，用藏針縫或機縫縫合返口。袋口用平針縫或機縫於距邊線約0.1cm處壓縫。

①縫合返口
②壓縫袋口

8 將袋口塞進口金框，並用珠針固定好側點跟中心點縫合口金（參照P12-13）。

22. 小蝸牛零錢包
Snail Coin Purse

成品尺寸

約寬7.5cm
高8cm

材料

外殼表布 …………… 2片（鋪棉×2片）
頭部表布 …………… 2片
裡布 ………………… 2片

觸角棉繩 …………… 長3cm，2條
半圓型口金 ………… 寬7.5cm×高3cm，1枚

 HOW . TO . MAKE

①

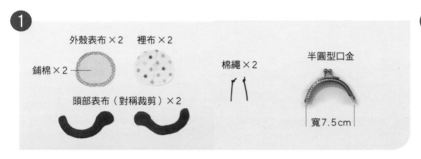

布料請依紙型並預留0.7cm縫份裁剪，鋪棉依紙型裁剪（不含縫份），並將鋪棉用熨斗熨燙在外殼表布上。

②

在外殼表布正面依個人喜好用平針縫、回針縫或機縫縫出螺旋花紋，共製作2片。

③

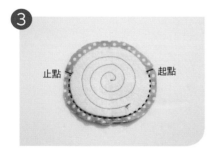

將❷做好的2片表布正面相對重疊，依照片虛線用回針縫或機縫縫合。

④

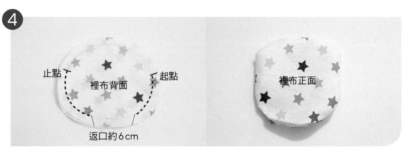

將2片裡布正面相對重疊，依照片虛線用回針縫或機縫縫合，下方要預留約6cm的返口，再翻到正面。

⑤

將裡布跟表布以正面相對重疊，用平針縫或機縫縫合袋口。

⑥

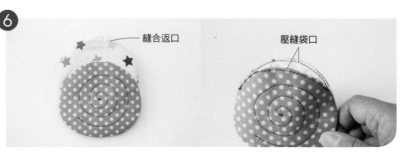

從裡布的返口翻至正面，用藏針縫或機縫縫合返口。袋口用平針縫或機縫於距邊線約0.1cm處壓縫。

7

將袋口塞進口金框，並用珠針固定好側點跟中心點縫合口金（參照P12-13）。

8

依紙型上的記號，在2片頭部表布正面縫上眼睛跟嘴巴。

9

返口約6cm

將❽做好的2片頭部表布正面相對重疊，依紙型上的記號夾住兩段觸角，依照片虛線用回針縫或機縫縫合，上方要預留約6cm的返口。

翻到正面備用。

10

從返口塞入棉花後，用回針縫縫合返口。頭部跟尾巴較為細長，因此棉花要一小撮、一小撮地塞入才會平均。

11

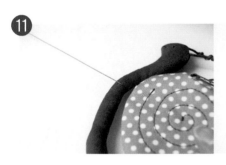

依照片所示，將❿做好的頭部沿著外殼的底部用藏針縫組合。

PART 2　口金包作品及教學　小蝸牛零錢包

23

獅子零錢包

作法	第 054 頁
紙型	第 106 頁

25

長頸鹿零錢包

作法	第 056-057 頁
紙型	第 107 頁

24

棕熊零錢包

作法	第 055 頁
紙型	第 106 頁

26

兔子零錢包

作法　第 058 頁
紙型　第 107 頁

27

查理斯王犬零錢包

作法　第 059 頁
紙型　第 108 頁

28

法鬥零錢包

作法　第 060-061 頁
紙型　第 108-109 頁

23 獅子零錢包

成品尺寸 約寬7.5cm×高8cm

材料

身體表布 ……………2片（鋪棉×2片）　　尾巴表布 ……………1片

裡布 ……………………2片　　　　　　　　棉繩 ……………………長5cm，1條

頭部表布 ……………2片　　　　　　　　黑色鈕扣 ……………2顆

臉部不織布 …………1片　　　　　　　　方型口金 ……………寬7.5cm×高4cm，1枚

作法

1 布料請依紙型並預留0.7cm縫份裁剪，鋪棉跟不織布依紙型裁剪（不含縫份），並將鋪棉用熨斗熨燙在身體表布上。

身體表布×2　　裡布×2　　　棉繩×1

鋪棉×2

頭部表布×2　臉部不織布×1　　尾巴表布×1

2 依下圖虛線沿著尾巴表布平針縫一圈後抽緊，塞入適量棉花，再縫在棉繩的末端。

平針縫一圈抽緊　　塞入棉花　　　縫在棉繩上

3 依紙型上的記號，在臉部不織布縫上黑色鈕扣、鼻子跟嘴巴；再用毛毯縫或平針縫固定在其中1片頭部表布正面。

4 將2片頭部表布正面相對，依下圖虛線縫合並剪牙口。在沒有車縫臉部的頭部表布上剪開約2cm的返口，翻到正面塞入適量棉花，用平針縫縫合返口備用。

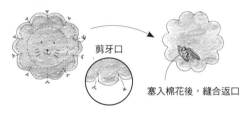

剪牙口

塞入棉花後，縫合返口

5 依紙型上的記號，把**2**做好的棉繩固定在身體表布正面的縫份上。將2片身體表布正面相對重疊，依下圖虛線用回針縫或機縫縫合，剪掉腳部末端多餘的縫份，並剪好牙口。

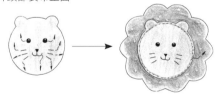

止點　　起點

剪牙口

剪掉多餘的縫份

6 將2片裡布正面相對重疊，依下圖虛線用回針縫或機縫縫合，底部要預留約6cm的返口，再翻到正面。將裡布跟表布以正面相對重疊，用平針縫或機縫縫合袋口。

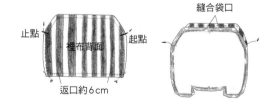

縫合袋口

止點　　裡布背面　　起點

返口約6cm

7 從裡布底部的返口翻至正面，用藏針縫或機縫縫合返口。袋口用平針縫或機縫於距邊線約0.1cm處壓縫。

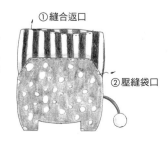

①縫合返口

②壓縫袋口

8 將袋口塞進口金框，並用珠針固定好側點跟中心點縫合口金（參照P12-13）。將**4**做好的頭部用藏針縫固定在表布上，位置可依個人喜好而定。

②固定頭部

①縫合口金

24 棕熊零錢包

材料

頭部表布⋯⋯⋯⋯2片（鋪棉×2片）　　　鼻子不織布⋯⋯⋯⋯1片
耳朵表布⋯⋯⋯⋯4片（鋪棉×2片）　　　裡布⋯⋯⋯⋯⋯⋯2片
身體表布⋯⋯⋯⋯2片　　　　　　　　　黑色鈕扣⋯⋯⋯⋯2顆
肚子不織布⋯⋯⋯1片　　　　　　　　　拱型口金⋯⋯⋯⋯寬8.5cm×高3.5cm，1枚

作法

1 布料請依紙型並預留0.7cm縫份裁剪，鋪棉跟不織布依紙型裁剪（不含縫份），並將鋪棉用熨斗熨燙在表布上，身體表布跟裡布無須燙鋪棉。

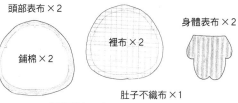

頭部表布×2
鋪棉×2
裡布×2
身體表布×2
耳朵表布×4
鋪棉×2
肚子不織布×1
鼻子不織布×1

2 將肚子不織布依紙型上的記號用毛毯縫或機縫固定在其中1片身體表布正面。將2片身體表布正面相對重疊，依下圖虛線用回針縫或機縫縫合，右側要預留約1cm的返口，剪好牙口後翻到正面備用。

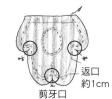

肚子不織布
身體表布正面
剪牙口
返口約1cm

3 將1片燙有鋪棉的耳朵表布與另一片沒有鋪棉的正面相對重疊，依右圖虛線用回針縫或機縫縫合後，翻至正面縫合返口備用，共製作2組。

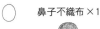

返口約2cm
縫合返口

4 將**3**做好的耳朵依紙型上的記號用藏針縫或機縫固定在其中1片頭部表布正面，並縫上鈕扣。鼻子不織布用毛毯縫或機縫固定，並縫上鼻子跟嘴巴。

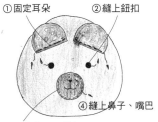

①固定耳朵
②縫上鈕扣
③固定鼻子不織布
④縫上鼻子、嘴巴

5 將**2**做好的身體，依紙型上的記號固定在**4**的頭部表布縫份上。將2片頭部表布正面相對重疊，依下圖虛線用回針縫或機縫縫合。

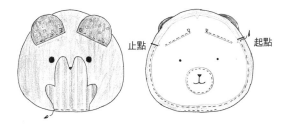

止點　起點

6 裡布作法與**5**的表布相同，依下圖虛線縫合（底部預留約5cm返口）後，翻到正面。將裡布跟表布以正面相對重疊，用平針縫或機縫縫合袋口。

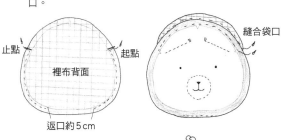

止點　起點
裡布背面
縫合袋口
返口約5cm

7 從裡布底部的返口翻至正面，用藏針縫或機縫縫合裡布返口。袋口用平針縫或機縫於距邊線約0.1cm處壓縫。從身體返口塞入適量棉花後，用藏針縫縫合返口。

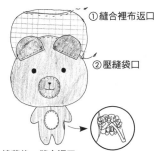

①縫合裡布返口
②壓縫袋口
③塞入棉花後，縫合返口

8 將袋口塞進口金框，並用珠針固定好側點跟中心點縫合口金（參照P12-13）。

25. 長頸鹿零錢包
Giraffe Coin Purse

成品尺寸

約寬8.5cm
高9cm

材料

頭部表布	2片（鋪棉×2片）	鹿角表布B	4片
裡布	2片	鼻子表布	1片
身體表布	2片	棉繩	長4cm，1條
耳朵表布	4片	黑色鈕扣	2顆
鹿角表布A	4片	拱型口金	寬8.5cm×高3.5cm，1枚

 HOW . TO . MAKE

①

頭部表布×2　裡布×2　鋪棉×2

 身體表布（對稱裁剪）×2
 棉繩×1
 鼻子表布×1　耳朵表布×4
 鹿角表布A×4　鹿角表布B×4

布料請依紙型並預留0.7cm縫份裁剪，鋪棉依紙型裁剪（不含縫份），並將鋪棉用熨斗熨燙在頭部表布上。

②

將鹿角表布A跟B正面相對，依照片虛線用回針縫或機縫縫合後，攤開縫份，共製作4片。

③

返口約1.5cm

塞入棉花後，縫合返口

將②做好的鹿角表布正面相對重疊，依照片虛線用回針縫或機縫縫合，側邊預留約1.5cm返口後，翻到正面塞入棉花，縫合返口備用，共製作2組。

④

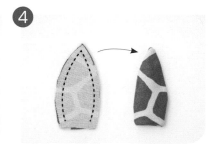

將2片耳朵表布正面相對重疊，依照片虛線用回針縫或機縫縫合後，翻到正面縫合開口備用，共做2組。

⑤

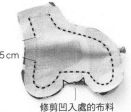
返口約1.5cm
修剪凹入處的布料

將2片身體表布正面相對重疊，並依紙型上的記號夾住棉繩，依照片虛線用回針縫或機縫縫合，側邊預留約1.5cm返口後，翻到正面備用。

⑥

依照片虛線，用熨斗將鼻子上方的縫份往內摺好燙平。

將❻燙好的鼻子布料，依照片虛線用藏針縫或機縫固定在頭部表布正面。依紙型上的記號，縫上鈕扣跟鼻孔。

止點　起點

將❺做好的身體依紙型上的記號固定在頭部表布正面的縫份上。將2片頭部表布正面相對重疊，依照片虛線用回針縫或機縫縫合。

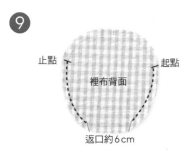

止點　　起點
裡布背面
返口約6cm

將2片裡布正面相對重疊，依照片虛線用回針縫或機縫縫合，底部預留約6cm的返口，再翻到正面。

裡布正面　　　　　　　　　縫合袋口

將裡布跟表布以正面相對重疊，用平針縫或機縫縫合袋口。

縫合返口　　　　　　壓縫袋口

從裡布底部的返口翻至正面，用藏針縫縫合返口。袋口用平針縫或機縫於距邊線約0.1cm處壓縫。

從身體側邊的返口塞入棉花後，用藏針縫縫合返口。

將袋口塞進口金框，並用珠針固定好側點跟中心點縫合口金（參照P12-13）。

用藏針縫把耳朵跟鹿角固定在包體的背面表布上。

26 兔子零錢包

成品尺寸 約寬7.5cm×高8cm

材料

身體表布A ············ 2片（鋪棉×2片）
身體表布B ············ 2片（鋪棉×2片）
紅耳朵表布 ··········· 2片（鋪棉×2片）
白耳朵表布 ··········· 2片

尾巴表布 ·············· 1片
裡布 ··················· 2片
黑色鈕扣 ············· 2顆
半圓型口金 ·········· 寬7.5cm×高3cm，1枚

作法

1 布料請依紙型並預留0.7cm縫份裁剪，鋪棉依紙型裁剪（不含縫份），並將鋪棉用熨斗熨燙在身體表布跟紅耳朵表布上。

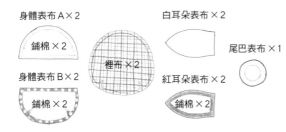

身體表布A×2　　鋪棉×2
白耳朵表布×2
裡布×2
尾巴表布×1
身體表布B×2　　鋪棉×2
紅耳朵表布×2　　鋪棉×2

3 依下圖虛線，沿著尾巴表布平針縫一圈後抽緊，塞入適量棉花，再用藏針縫固定在身體表布B正面。

平針縫一圈抽緊　　塞入棉花

5 將 **4** 做好的2片表布，依紙型上的褶子記號分別車縫；再正面相對重疊，依下圖虛線用回針縫或機縫縫合。

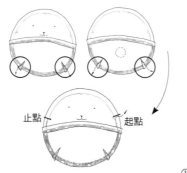

止點　　　　起點

7 從裡布底部的返口翻至正面，用藏針縫或機縫縫合裡布返口。袋口用平針縫或機縫於距邊線約0.1cm處壓縫。

①縫合返口
②壓縫袋口

2 將1片紅耳朵表布與1片白耳朵表布正面相對重疊，依下圖虛線用回針縫或機縫縫合後，翻至正面縫合返口備用，共製作2組。

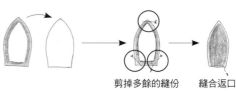

剪掉多餘的縫份　　縫合返口

4 依紙型上的記號，在身體表布A正面縫上黑色鈕扣、鼻子跟嘴巴。將1片身體表布A與1片身體表布B正面相對重疊，依下圖虛線用回針縫或機縫縫合，共製作2片。

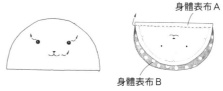

身體表布A
身體表布B

6 裡布作法與 **5** 的表布相同，車縫褶子後，依下圖虛線縫合（底部預留約5cm返口），再翻到正面。將裡布跟表布以正面相對重疊，用平針縫或機縫縫合袋口。

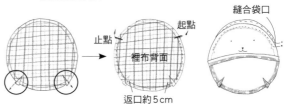

止點　　　起點
裡布背面
返口約5cm
縫合袋口

8 將袋口塞進口金框，並用珠針固定好側點跟中心點縫合口金（參照P12-13）。將 **2** 做好的耳朵，用藏針縫固定在背面的表布上，位置可依個人喜好而定。

27 查理斯王犬零錢包

材料

頭部表布 ···············2片（鋪棉×2片）　　臉部不織布···········1片
耳朵表布 ···············4片（鋪棉×2片）　　鼻子不織布···········1片
身體表布 ···············2片　　　　　　　　黑色鈕扣 ············2顆
裡布 ····················2片　　　　　　　　拱型口金············寬8.5cm×高3.5cm，1枚

作法

1 布料請依紙型並預留0.7cm縫份裁剪，鋪棉跟不織布依紙型裁剪（不含縫份），並將鋪棉用熨斗熨燙在表布上，身體表布跟裡布無須燙鋪棉。

頭部表布×2　　裡布×2　　耳朵表布×4

鋪棉×2

身體表布×2　　臉部不織布×1　　鋪棉×2

鼻子不織布×1

2 將2片身體表布正面相對重疊，依右圖虛線用回針縫或機縫縫合，右側預留約1cm的返口，剪好牙口後翻到正面備用。

返口約1cm

剪牙口

3 將1片燙有鋪棉的耳朵表布與另一片沒有鋪棉的正面相對重疊，依下圖虛線用回針縫或機縫縫合後，翻至正面縫合返口備用，共製作2組。

返口約3cm → 縫合返口

4 將臉部不織布、鼻子不織布依紙型上的記號用毛毯縫或機縫固定在頭部表布正面，並縫上鈕扣，再用回針縫縫上嘴巴。

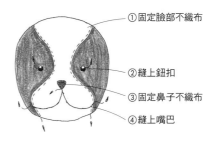

①固定臉部不織布
②縫上鈕扣
③固定鼻子不織布
④縫上嘴巴

5 將2做好的身體，依紙型上的記號固定在4的表布縫份上。將2片頭部表布正面相對重疊，依下圖虛線用回針縫或機縫縫合。

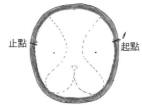

止點　　起點

6 裡布作法與5的表布相同，依下圖虛線縫合（底部預留約5cm返口）後，翻到正面。將裡布跟表布以正面相對重疊，用平針縫或機縫縫合袋口。

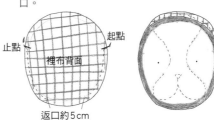

止點　　起點　　　　　裡布背面　　　縫合袋口

返口約5cm

7 從裡布底部的返口翻至正面，用藏針縫或機縫縫合裡布返口。袋口用平針縫或機縫於距邊線約0.1cm處壓縫。從身體返口塞入適量棉花後，縫合返口。

①縫合裡布返口
②壓縫袋口
③塞入棉花後，縫合返口

8 將袋口塞進口金框，並用珠針固定好側點跟中心點縫合口金（參照P12-13）。將3做好的耳朵用藏針縫固定在適合的位置上。

28. 法鬥零錢包
French Bulldog Coin Purse

成品尺寸

約寬8.5cm
高9cm

材料

頭部表布 …………… 2片（鋪棉×2片）	臉部不織布 ………… 2片
耳朵表布 …………… 4片（鋪棉×2片）	鼻子不織布 ………… 1片
身體表布 …………… 2片	黑色鈕扣 …………… 2顆
尾巴表布 …………… 2片	拱型口金 …………… 寬8.5cm×高3.5cm，1枚
裡布 ………………… 2片	

HOW . TO . MAKE

頭部表布×2　裡布×2
臉部不織布×2　　耳朵表布×4

鋪棉×2

身體表布×2　尾巴表布×2
鼻子不織布×1　　鋪棉×2

布料請依紙型並預留0.7cm縫份裁剪，鋪棉跟不織布依紙型裁剪（不含縫份），並將鋪棉用熨斗熨燙在頭部及耳朵表布上。

將1片燙有鋪棉的耳朵表布與另一片沒有鋪棉的正面相對重疊，依照片虛線用回針縫或機縫縫合後，翻至正面縫合開口備用，共製作2組。

返口
約1.5cm

將2片尾巴表布正面相對重疊，依照片虛線用回針縫或機縫縫合，翻到正面備用。

將2片身體表布正面相對重疊，依紙型上的記號夾住 ❸ 做好的尾巴，依照片虛線用回針縫或機縫縫合，側邊要預留約1.5cm的返口。

修剪布料

修剪兩腿間的布料後翻到正面備用。

依紙型上的記號，用毛毯縫或機縫固定臉部跟鼻子的不織布，再縫上鈕扣跟嘴巴。

將❹做好的身體依紙型上的記號固定在頭部表布正面的縫份上。將2片頭部表布正面相對重疊，依照片虛線用回針縫或機縫縫合。

裡布作法與表布相同，依照片虛線縫合（底部預留約6cm返口）後，翻到正面。

將裡布跟表布以正面相對重疊，用平針縫或機縫縫合袋口。

從裡布底部的返口翻至正面，用藏針縫縫合返口。

袋口用平針縫或機縫於距邊線約0.1cm處壓縫。

從身體側邊的返口塞入棉花後，用藏針縫縫合返口。

將袋口塞進口金框，並用珠針固定好側點跟中心點縫合口金（參照P12-13）。

用藏針縫將❷做好的耳朵固定在包體的背面表布上。

29

鴨子零錢包

| 作法 | 第 063 頁 |
| 紙型 | 第 109 頁 |

30

河馬零錢包

| 作法 | 第 064 頁 |
| 紙型 | 第 110 頁 |

31

青蛙零錢包

| 作法 | 第 065 頁 |
| 紙型 | 第 110 頁 |

29 鴨子零錢包

成品尺寸　約寬7.5cm×高9cm

材料

身體表布 ……………2片（鋪棉×2片）　　裡布 ……………2片
嘴巴表布 ……………2片　　　　　　　　　黑色鈕扣 …………2顆
翅膀不織布 ………2片　　　　　　　　　半圓型口金 ………寬7.5cm×高3cm，1枚

作法

1 布料請依紙型並預留0.7cm縫份裁剪，鋪棉跟不織布依紙型裁剪（不含縫份），並將鋪棉用熨斗熨燙在身體表布上。

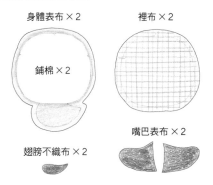

身體表布×2　　　裡布×2

鋪棉×2

翅膀不織布×2

嘴巴表布×2

3 將 **2** 做好的嘴巴依紙型上的記號用平針縫或機縫固定在其中1片身體表布正面，並縫上鈕扣。翅膀不織布用毛毯縫或機縫固定。另一片身體表布只需固定翅膀不織布和縫上鈕扣。

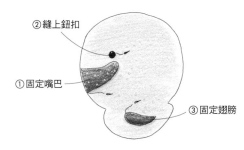

②縫上鈕扣
①固定嘴巴
③固定翅膀

5 將2片裡布正面相對，依下圖虛線用回針縫或機縫縫合，底部要預留約5cm的返口，並翻到正面。將裡布跟表布以正面相對重疊，用平針縫或機縫縫合袋口。

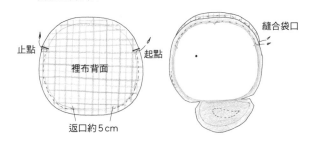

止點　起點
裡布背面
返口約5cm
縫合袋口

2 將2片嘴巴表布正面相對重疊，依下圖虛線縫合，在下方預留約1.5cm的返口，翻至正面備用。

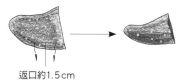

返口約1.5cm

4 將 **3** 做好的2片表布正面相對重疊，依下圖虛線用回針縫或機縫縫合，下方要預留約1.5cm返口，並剪好牙口。

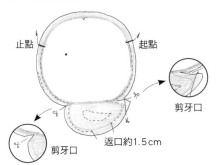

止點　起點
剪牙口
剪牙口　　返口約1.5cm

6 從裡布底部的返口翻至正面，用藏針縫或機縫縫合裡布返口。袋口用平針縫或機縫於距邊線約0.1cm處壓縫，脖子處也用同樣方式壓線。身體跟嘴巴塞入適量棉花後，縫合返口。

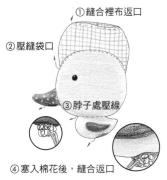

①縫合裡布返口
②壓縫袋口
③脖子處壓線
④塞入棉花後，縫合返口

7 將袋口塞進口金框，並用珠針固定好側點跟中心點縫合口金（參照P12-13）。

063

PART 2　口金包作品及教學　鴨子零錢包

30 河馬零錢包

材料

身體表布 ··········· 2片（鋪棉×2片）	耳朵表布 ··········· 4片
頭部表布A ··········· 1片	裡布 ··········· 2片
頭部表布B ··········· 1片	牙齒不織布 ··········· 2片
頭部表布C ··········· 1片	鼻孔不織布 ··········· 2片

棉繩 ··········· 長6cm，1條
黑色鈕扣 ··········· 2顆
微方型口金 ··········· 寬7cm×高4cm，1枚

作法

1 布料請依紙型並預留0.7cm縫份裁剪，鋪棉跟不織布依紙型裁剪（不含縫份），並將鋪棉用熨斗熨燙在身體表布上。

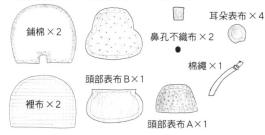

身體表布×2　頭部表布C×1　牙齒不織布×2
鋪棉×2
裡布×2
頭部表布B×1
鼻孔不織布×2
耳朵表布×4
棉繩×1
頭部表布A×1

2 將頭部表布A跟B正面相對重疊，依下圖虛線用回針縫或機縫縫合。將2片耳朵表布正面相對重疊，依下圖虛線用回針縫或機縫縫合後，翻至正面備用，共製作2組。

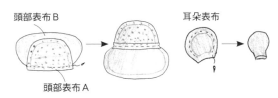

頭部表布B　頭部表布A　耳朵表布

3 將**2**做好的耳朵跟牙齒不織布依紙型上的記號，固定在**2**的頭部表布縫份上。依紙型上的記號縫上鈕扣跟鼻孔。

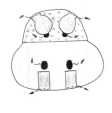

4 將**3**做好的表布跟頭部表布C正面相對，依下圖虛線用回針縫或機縫縫合，側邊要預留約2cm的返口，再翻到正面，塞入適量棉花後縫合返口備用。

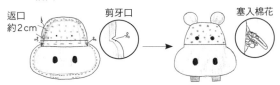

返口約2cm　剪牙口　塞入棉花

5 依紙型上的記號，把棉繩固定在身體表布的正面縫份上。將2片身體表布正面相對重疊，依下圖虛線用回針縫或機縫縫合，剪好牙口並剪掉腳部末端多餘的縫份。

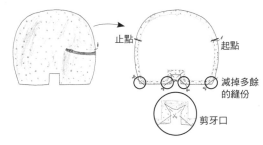

止點　起點　減掉多餘的縫份　剪牙口

6 將2片裡布正面相對重疊，依下圖虛線用回針縫或機縫縫合，底部要預留約5cm的返口，再翻到正面。將裡布跟表布以正面相對重疊，用平針縫或機縫縫合袋口。

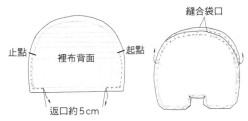

縫合袋口　止點　裡布背面　起點　返口約5cm

7 從裡布底部的返口翻至正面，用藏針縫或機縫縫合返口。袋口用平針縫或機縫於距邊線約0.1cm處壓縫。

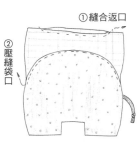

①縫合返口
②壓縫袋口

8 將袋口塞進口金框，並用珠針固定好側點跟中心點縫合口金（參照P12-13）。將**4**做好的頭部用藏針縫固定在表布上，位置可依個人喜好而定。

①縫合口金
②固定頭部

31 青蛙零錢包

材料

頭部表布 ……………2片（鋪棉×2片）　　眼睛不織布 …………2片
眼睛表布 ……………4片　　　　　　　　　肚子不織布 …………1片
身體表布 ……………2片　　　　　　　　　黑色鈕扣 ……………2顆
裡布 …………………2片　　　　　　　　　拱型口金 ……………寬8.5cm×高3.5cm，1枚

作法

1 布料請依紙型並預留0.7cm縫份裁剪，鋪棉跟不織布依紙型裁剪（不含縫份），並將鋪棉用熨斗熨燙在頭部表布上。

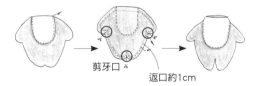

頭部表布×2　　　裡布×2　　　眼睛不織布×2

鋪棉×2

眼睛表布×4　　　身體表布×2　　　肚子不織布×1

2 將眼睛不織布依紙型上的記號，用毛毯縫或機縫固定在眼睛表布正面，並縫上鈕扣。與另一片眼睛表布正面相對，依下圖虛線用回針縫或機縫縫合，底部預留約2cm的返口，翻到正面塞入棉花後，縫合返口備用，共製作2組。

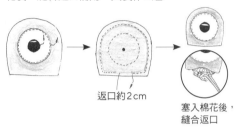

返口約2cm

塞入棉花後，縫合返口

3 將肚子不織布依紙型上的記號，用毛毯縫或機縫固定在身體表布正面。將2片身體表布正面相對重疊，依下圖虛線用回針縫或機縫縫合，右側預留約1cm的返口，剪好牙口後翻到正面。

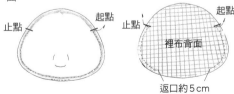

剪牙口　　　返口約1cm

4 依紙型上的記號，在頭部表布正面縫上鼻孔跟嘴巴。**3**做好的身體也固定在縫份上。

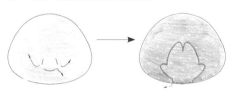

5 將2片頭部表布正面相對重疊，依下圖虛線用回針縫或機縫縫合。裡布作法與表布相同，依下圖虛線縫合（底部預留約5cm返口）後，翻到正面。

止點　　起點　　　　　止點　　　起點

裡布背面

返口約5cm

6 將裡布跟表布以正面相對重疊，用平針縫或機縫縫合袋口。

縫合袋口

7 從裡布底部的返口翻至正面，用藏針縫或機縫縫合裡布返口。袋口用平針縫或機縫於距邊線約0.1cm處壓縫。從身體返口塞入適量棉花後，縫合返口。

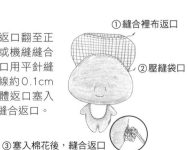

①縫合裡布返口

②壓縫袋口

③塞入棉花後，縫合返口

8 將袋口塞進口金框，並用珠針固定好側點跟中心點縫合口金（參照P12-13）。將**2**做好的眼睛，用藏針縫固定在正面的表布上，位置可依個人喜好而定。

32
蝴蝶零錢包

作法 第 067 頁
紙型 第 111 頁

33
蜜蜂零錢包

作法 第 068 頁
紙型 第 111 頁

34
瓢蟲零錢包

作法 第 069 頁
紙型 第 112 頁

32 蝴蝶零錢包

成品尺寸　約寬7.5cm×高8cm

材料

身體表布 …………… 2片（鋪棉×2片）
翅膀表布A ………… 4片
翅膀表布B ………… 4片（鋪棉×2片）

裡布 ………………… 2片
半圓型口金………… 寬7.5cm×高3cm，1枚

作法

1 布料請依紙型並預留0.7cm縫份裁剪，鋪棉依紙型裁剪（不含縫份），其中翅膀的布料跟鋪棉要對稱裁剪。將鋪棉用熨斗熨燙在表布上，翅膀表布A跟裡布無須燙鋪棉。

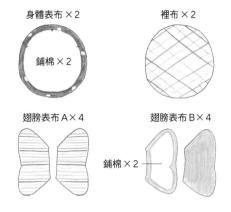

身體表布×2　鋪棉×2
裡布×2
翅膀表布A×4
翅膀表布B×4　鋪棉×2

2 將2片翅膀表布A正面相對重疊，依下圖虛線用回針縫或機縫縫合，翻到正面。依紙型上的記號，用藏針縫或機縫固定在有燙鋪棉的翅膀表布B正面，共製作2片。

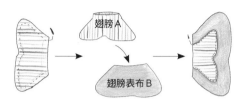

翅膀A
翅膀表布B

4 將2片身體表布正面相對重疊，依下圖虛線用回針縫或機縫縫合。裡布作法與表布相同，依下圖虛線縫合（底部預留約5cm返口）後，翻到正面。

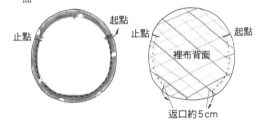

止點　起點
止點　起點
裡布背面
返口約5cm

3 把**2**做好的2片翅膀表布B，分別與另外的2片翅膀表布B正面相對重疊，依下圖虛線用回針縫或機縫縫合，側邊預留約4cm的返口，翻到正面縫合返口，共製作2組。

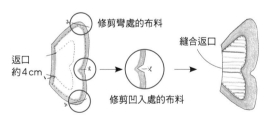

修剪彎處的布料
縫合返口
返口約4cm
修剪凹入處的布料

6 從裡布的返口翻至正面，用藏針縫或機縫縫合返口。袋口用平針縫或機縫於距邊線約0.1cm處壓縫。

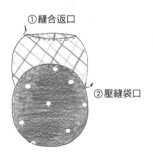

①縫合返口
②壓縫袋口

5 將裡布跟表布以正面相對重疊，用平針縫或機縫縫合袋口。

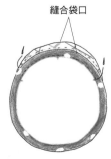

縫合袋口

7 將袋口塞進口金框，並用珠針固定好側點跟中心點縫合口金（參照P12-13）。將**3**做好的2組翅膀，用藏針縫固定在包體的中間位置。

 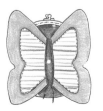

33 蜜蜂零錢包

材料

身體表布 …………2片（鋪棉×2片）	裡布 …………2片	黑色鈕扣 …………2顆
翅膀表布 …………2片（鋪棉×1片）	眼睛不織布 …………2片	拱型口金 …………寬8.5cm×高3.5cm，1枚
頭部表布 …………2片	鼻子不織布 …………1片	
條紋表布 …………3片	觸角軟鐵絲 …………長約4cm，2根	

作法

1 布料請依紙型並預留0.7cm縫份裁剪，鋪棉跟不織布依紙型裁剪（不含縫份），並將鋪棉用熨斗熨燙在身體及翅膀表布上。

身體表布×2　鋪棉×2

裡布×2

條紋表布×3

頭部表布×2

翅膀表布×2　鋪棉

眼睛不織布×2

鼻子不織布×1

3 將眼睛不織布依紙型上的記號用毛毯縫或機縫固定在頭部表布正面，再依序縫上鈕扣、鼻子不織布跟嘴巴。將2根觸角軟鐵絲固定在正面縫份上。

④固定觸角
①固定眼睛後，縫上鈕扣
②固定鼻子
③縫上嘴巴

5 將條紋表布的縫份往內摺好並用熨斗燙平，再依紙型上的記號用平針縫或機縫固定在身體表布的正面。

7 將裡布跟表布以正面相對重疊，用平針縫或機縫縫合袋口。從裡布底部的返口翻至正面，用藏針縫或機縫縫合返口。袋口用平針縫或機縫於距邊線約0.1cm處壓縫。

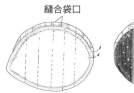
縫合袋口

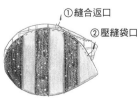
①縫合返口
②壓縫袋口

2 將燙有鋪棉的翅膀表布與另一片沒有鋪棉的正面相對重疊，依下圖虛線用回針縫或機縫縫合，在上方預留約2cm返口後，翻至正面縫合返口備用。

返口約2cm

4 將**3**做好的頭部表布跟另一片正面相對重疊，依下圖虛線用回針縫或機縫縫合，在下方預留約3cm返口，翻到正面塞入適量棉花，用回針縫縫合返口備用。

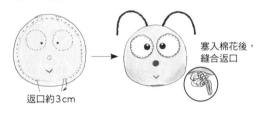
塞入棉花後，縫合返口
返口約3cm

6 將2片身體表布正面相對重疊，依下圖虛線用回針縫或機縫縫合。裡布作法與表布相同，依下圖虛線縫合（底部預留約5cm返口）後，翻到正面。

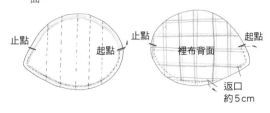
止點　起點　止點　起點
裡布背面
返口約5cm

8 將袋口塞進口金框，並用珠針固定好側點跟中心點縫合口金（參照P12-13）。用藏針縫將**2**的翅膀跟**4**的頭部固定在表布上，位置可依個人喜好而定。

34 瓢蟲零錢包

材料

表布A ……………2片（鋪棉×2片）　　裡布 ……………2片
表布B ……………2片（鋪棉×2片）　　半圓型口金…………寬7.5cm×高3cm，1枚

作法

1 布料請依紙型並預留0.7cm縫份裁剪，鋪棉依紙型裁剪（不含縫份），並將鋪棉用熨斗熨燙在表布上，裡布無須燙鋪棉。

表布A×2　　鋪棉×2
裡布×2
表布B×2　　鋪棉×2
鋪棉×2

2 依紙型上的記號，在2片表布B正面用回針縫或機縫縫出翅膀的線條。

3 將**2**做好的2片表布B分別與表布A正面相對，依下圖虛線用回針縫或機縫縫合。

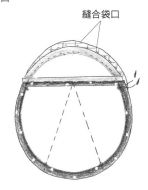

4 將**3**做好的2片表布正面相對，依下圖虛線用回針縫或機縫縫合。裡布作法與表布相同，依下圖虛線縫合（底部預留約5cm返口）後，翻到正面。

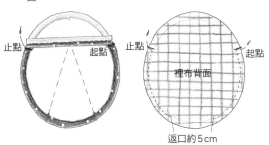

止點　　起點　　　止點　　　　起點
裡布背面
返口約5cm

5 將裡布跟表布以正面相對重疊，用平針縫或機縫縫合袋口。

縫合袋口

6 從裡布底部的返口翻至正面，用藏針縫或機縫縫合返口。袋口用平針縫或機縫於距邊線約0.1cm處壓縫。

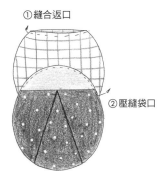

①縫合返口
②壓縫袋口

7 將袋口塞進口金框，並用珠針固定好側點跟中心點縫合口金（參照P12-13）。

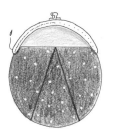

35

綿羊零錢包

作法　第 072 頁
紙型　第 112 頁

36

斑馬零錢包

作法　第 073 頁
紙型　第 113 頁

37

小馬零錢包

作法　第 074-075 頁
紙型　第 113 頁

38

熊貓零錢包

作法 第 076 頁
紙型 第 114 頁

39

企鵝零錢包

作法 第 077 頁
紙型 第 114 頁

35 綿羊零錢包

成品尺寸 約寬8.5cm×高9cm

材料

身體表布 .... 2片（鋪棉×2片）
尾巴表布 .... 2片（鋪棉×1片）
頭部表布 2片
瀏海表布 2片

裡布 2片
腳部不織布 2片
拱型口金 .... 寬8.5cm×高3.5cm，1枚

作法

1 布料請依紙型並預留0.7cm縫份裁剪，鋪棉跟不織布依紙型裁剪（不含縫份），並將鋪棉用熨斗熨燙在身體及尾巴表布上。

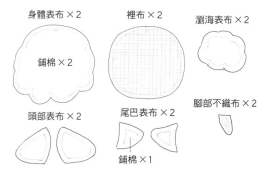

身體表布×2　鋪棉×2
裡布×2
瀏海表布×2
頭部表布×2
尾巴表布×2　鋪棉×1
腳部不織布×2

3 將1片燙有鋪棉的尾巴表布與另一片沒有鋪棉的正面相對重疊，依下圖虛線用回針縫或機縫縫合後，翻至正面縫合返口備用。瀏海作法與尾巴相同，依下圖虛線縫合（底部預留約1.5cm返口），翻至正面塞入適量棉花後，縫合返口備用。

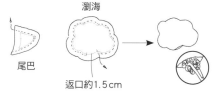

瀏海
尾巴
返口約1.5cm

5 將裡布跟表布以正面相對重疊，用平針縫或機縫縫合袋口。

縫合袋口

2 在2片頭部表布正面用黑色線縫上眼睛跟嘴巴後，正面相對重疊依下圖虛線用回針縫或機縫縫合，在下方預留約1.5cm返口，翻至正面備用。

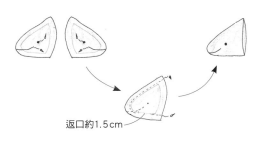

返口約1.5cm

4 將2的頭部、腳部不織布跟3的尾巴依紙型上的記號，固定在身體表布正面。將2片表布正面相對重疊，依下圖虛線用回針縫或機縫縫合。裡布作法與表布相同，依下圖虛線縫合（底部預留約5cm返口）後，翻到正面。

止點　起點　止點　起點
裡布背面
返口約5cm

6 從裡布底部的返口翻至正面，用藏針縫或機縫縫合裡布返口。袋口用平針縫或機縫於距邊線約0.1cm處壓縫。從頭部返口塞入適量棉花後縫合返口。

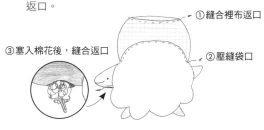

①縫合裡布返口
③塞入棉花後，縫合返口
②壓縫袋口

7 將袋口塞進口金框，並用珠針固定好側點跟中心點縫合口金（參照P12-13）。將3的瀏海用藏針縫固定在表布上，位置可依個人喜好而定。

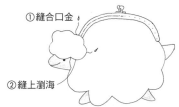

①縫合口金
②縫上瀏海

36 斑馬零錢包

成品尺寸 約寬7.5cm×高7cm

材料

身體表布 ……………2片（鋪棉×2片）
頭部表布 ……………2片
耳朵表布 ……………4片
裡布 ………………2片

鼻子不織布 …………1片
尾巴不織布 …………1片
黑色鈕扣 ……………2顆
微方型口金 ……………寬7cm×高4cm，1枚

作法

1 布料請依紙型並預留0.7cm縫份裁剪，鋪棉跟不織布依紙型裁剪（不含縫份），並將鋪棉用熨斗熨燙在身體表布上。

身體表布×2　　裡布×2　　頭部表布×2

 鋪棉×2

耳朵表布×4　　鼻子不織布×1　　尾巴不織布×1

2 將2片耳朵表布正面相對重疊，依下圖虛線用回針縫或機縫縫合，翻至正面，共製作2組。

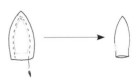

3 將**2**的耳朵依紙型上的記號固定在其中1片頭部表布正面的縫份上，並縫上鈕扣。用毛毯縫或機縫固定鼻子不織布，用白色線縫上鼻孔。與另一片頭部表布正面相對重疊，依下圖虛線縫合（預留約2cm返口）後，翻到正面塞入適量棉花，用回針縫縫合返口備用。

返口約2cm　　塞入棉花後，縫合返口

4 依紙型上的記號，將尾巴不織布固定在身體表布正面的縫份上。將2片表布正面相對重疊，依下圖虛線用回針縫或機縫縫合，並剪掉腳部末端多餘的縫份。

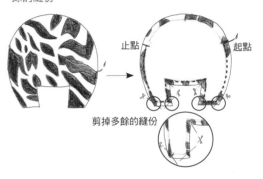

止點　　起點

剪掉多餘的縫份

5 將2片裡布正面相對，依下圖虛線用回針縫或機縫縫合，底部要預留約5cm的返口，再翻到正面。將裡布跟表布以正面相對重疊，用平針縫或機縫縫合袋口。

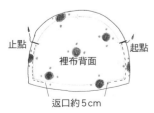

止點　　起點

裡布背面

返口約5cm

縫合袋口

6 從裡布底部的返口翻至正面，用藏針縫或機縫縫合返口。袋口用平針縫或機縫於距邊線約0.1cm處壓縫。

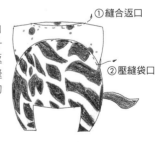

①縫合返口
②壓縫袋口

7 將袋口塞進口金框，並用珠針固定好側點跟中心點縫合口金（參照P12-13）。將**3**的頭部用藏針縫固定在表布上，位置可依個人喜好而定。

①縫合口金
②固定頭部

37. 小馬零錢包
Little Horse Coin Purse

成品尺寸

約寬7.5cm
高9cm

材料

頭部表布 ……………2片（鋪棉×2片）	瀏海不織布…………1片
鼻子表布 ……………1片	尾巴不織布…………1片
身體表布 ……………2片	牙齒不織布…………1片
耳朵表布 ……………4片	黑色鈕扣 …………2顆
裡布 ……………………2片	方型口金 …………寬7.5cm×高4cm，1枚

HOW.TO.MAKE

1

頭部表布×2　鋪棉×2

裡布×2

鼻子表布×1　身體表布×2　耳朵表布×4

尾巴不織布×1　牙齒不織布×1

瀏海不織布×1

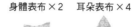

布料請依紙型並預留0.7cm縫份裁剪，鋪棉跟不織布依紙型裁剪（不含縫份），並將鋪棉用熨斗熨燙在頭部表布上。

2

將2片耳朵表布正面相對重疊，依照片虛線用回針縫或機縫縫合。

3

翻到正面、縫合開口後備用，共製作2組。

返口約1.5cm

將2片身體表布正面相對重疊，依紙型上的記號夾住尾巴不織布，依照片虛線用回針縫或機縫縫合，側邊要預留約1.5cm返口。

4

修剪凹入處跟腳部末端的布料，再翻到正面備用。

依照片虛線，用熨斗將鼻子上方的縫份往內摺好燙平。

5

將④燙好的鼻子布料，依照片虛線用藏針縫或機縫固定在頭部表布正面。再依紙型上的記號，縫上瀏海、鈕扣、鼻孔跟牙齒。

⑥ 將❸的身體，依紙型上的記號固定在❺的頭部表布正面的縫份上。

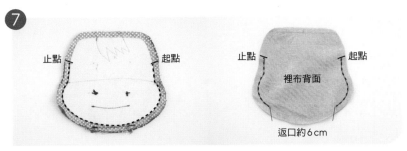

⑦ 將2片頭部表布正面相對重疊，依照片虛線用回針縫或機縫縫合。裡布作法與表布相同，依照片虛線縫合（底部預留約6cm返口）後，翻到正面。

止點　起點

止點　起點

裡布背面

返口約6cm

裡布正面

縫合袋口

⑧ 將裡布跟表布以正面相對重疊，用平針縫或機縫縫合袋口。

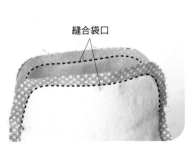

縫合返口

⑨ 從裡布底部的返口翻至正面，用藏針縫縫合返口。

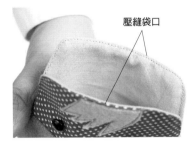

壓縫袋口

袋口用平針縫或機縫於距邊線約0.1cm處壓縫。

⑩ 從身體側邊的返口塞入棉花後，用藏針縫縫合返口。

⑪ 將袋口塞進口金框，並用珠針固定好側點跟中心點縫合口金（參照P12-13）。

⑫ 用藏針縫將❷的耳朵固定在包體的背面。

38 熊貓零錢包

成品尺寸 約寬8.5cm×高8cm

材料

頭部表布 ………… 黑白各1片（鋪棉×2片）	裡布 ……………………2片	眼睛白色不織布 ‥‥2片
耳朵表布 …………4片（鋪棉×2片）	肚子不織布 …………1片	黑色鈕扣 ……………2顆
身體表布 …………2片	眼睛黑色不織布 ‥‥2片	拱型口金 ……………寬8.5cm×高3.5cm，1枚

作法

1 布料請依紙型並預留0.7cm縫份裁剪，鋪棉跟不織布依紙型裁剪（不含縫份），並將鋪棉用熨斗熨燙在頭部及耳朵表布上。

頭部黑色表布×1　　頭部白色表布×1　　裡布×2　　肚子不織布×1

耳朵表布×4　　身體表布×2　　眼睛黑色不織布×2　　眼睛白色不織布×2

鋪棉×2

3 將肚子不織布依紙型上的記號，用毛毯縫或機縫固定在身體表布正面。將2片身體表布正面相對重疊，依下圖虛線用回針縫或機縫縫合，右側預留約1cm的返口，剪好牙口後翻到正面。

剪牙口

返口約1cm

5 將**4**的白色表布跟頭部黑色表布正面相對重疊，依下圖虛線用回針縫或機縫縫合。裡布作法與表布相同，依下圖虛線縫合（底部預留約5cm返口）後，翻到正面。

止點　　　起點　　　止點　　　起點

裡布背面

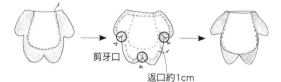

返口約5cm

7 從裡布底部的返口翻至正面，用藏針縫或機縫縫合裡布返口。袋口用平針縫或機縫於距邊線約0.1cm處壓縫。從身體返口塞入適量棉花後縫合返口。

①縫合裡布返口

②壓縫袋口

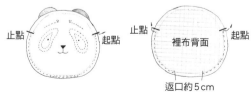

③塞入棉花後，縫合返口

2 將1片燙有鋪棉的耳朵表布與另一片沒有鋪棉的正面相對重疊，依下圖虛線用回針縫或機縫縫合後，翻至正面縫合返口備用，共製作2組。

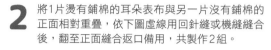

4 依紙型上的記號，在頭部白色表布正面用藏針縫或機縫固定耳朵，用毛毯縫或機縫固定眼睛不織布，並縫上鈕扣、鼻子跟嘴巴。再將**3**做好的身體固定在縫份上。

①固定耳朵

②固定眼睛

③縫上鈕扣

④縫上鼻子、嘴巴

6 將裡布跟表布以正面相對重疊，用平針縫或機縫縫合袋口。

縫合袋口

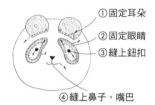 

8 將袋口塞進口金框，並用珠針固定好側點跟中心點縫合口金（參照P12-13）。

39 企鵝零錢包

材料

身體表布 …………2片（鋪棉×2片）　　眼睛不織布…………2片
腳部表布 …………4片（鋪棉×2片）　　裡布 …………2片
嘴巴表布 …………2片　　　　　　　　黑色鈕扣 …………2顆
肚子不織布…………1片　　　　　　　拱型口金…………寬8.5cm×高3.5cm，1枚

作法

1 布料請依紙型並預留0.7cm縫份裁剪，鋪棉跟不織布依紙型裁剪（不含縫份），並將鋪棉用熨斗熨燙在表布上，裡布跟嘴巴表布無須燙鋪棉。

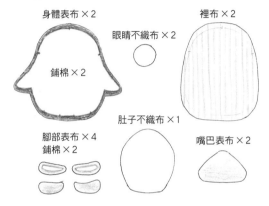

身體表布×2　　　　　　　裡布×2
眼睛不織布×2
鋪棉×2
肚子不織布×1
腳部表布×4
鋪棉×2　　　　　　嘴巴表布×2

2 將1片燙有鋪棉的腳部表布與另一片沒有鋪棉的正面相對重疊，依下圖虛線用回針縫或機縫縫合後，翻至正面備用，共製作2組。嘴巴作法與腳部相同，依下圖虛線縫合（底部預留1cm返口），翻至正面塞入適量棉花後，縫合返口備用。

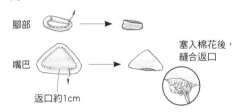

腳部
嘴巴
返口約1cm
塞入棉花後，縫合返口

3 依紙型上的記號，在身體表布正面用毛毯縫或機縫固定眼睛跟肚子不織布，並縫上鈕扣。2的嘴巴用藏針縫，腳部則用平針縫或機縫固定。

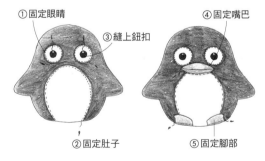

①固定眼睛
③縫上鈕扣
④固定嘴巴
②固定肚子
⑤固定腳部

4 將3做好的身體表布與另一片正面相對，依下圖虛線用回針縫或機縫縫合，剪掉兩側手部末端多餘的縫份，轉角處剪牙口。裡布作法與表布相同，依下圖虛線縫合（底部預留約5cm返口）後，翻到正面。

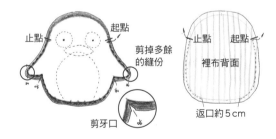

止點　　　起點
剪掉多餘的縫份
剪牙口
止點　　起點
裡布背面
返口約5cm

5 將裡布跟表布以正面相對重疊，用平針縫或機縫縫合袋口。

縫合袋口

6 從裡布底部的返口翻至正面，用藏針縫或機縫縫合裡布返口。袋口用平針縫或機縫於距邊線約0.1cm處壓縫。

①縫合返口
②壓縫袋口

7 將袋口塞進口金框，並用珠針固定好側點跟中心點縫合口金（參照P12-13）。

40
長頸龍零錢包

- - - - - - - - - - - - - - - -

作法 第 080 頁
紙型 第 115 頁

41
三角龍零錢包

- - - - - - - - - - - - - - - -

作法 第 081 頁
紙型 第 115 頁

42

翼龍零錢包

作法 第 082 頁
紙型 第 116 頁

43

劍龍零錢包

作法 第 083 頁
紙型 第 117 頁

44

暴龍零錢包

作法 第 084 頁
紙型 第 116-117 頁

40 長頸龍零錢包

成品尺寸　約寬8.5cm×高9cm

材料

身體表布 ……………2片（鋪棉×2片）　　裡布 ……………2片
尾巴表布 ……………2片（鋪棉×1片）　　腳部不織布 ………2片
頭部表布 ……………2片　　　　　　　　　半圓型口金 ………寬8.5cm×高4cm，1枚

作法

1 布料請依紙型並預留0.7cm縫份裁剪，鋪棉跟不織布依紙型裁剪（不含縫份），並將鋪棉用熨斗熨燙在身體及尾巴表布上。

身體表布×2　　鋪棉×2
裡布×2
腳部不織布×2
尾巴表布×2　　鋪棉
頭部表布×2

2 在2片頭部表布正面用黑色線縫上眼睛跟嘴巴後，正面相對重疊依下圖虛線用回針縫或機縫縫合，在下方預留約1.5cm返口，翻至正面備用。

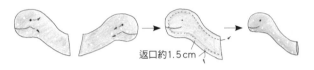

返口約1.5cm

3 將1片燙有鋪棉的尾巴表布與另一片沒有鋪棉的正面相對重疊，依下圖虛線用回針縫或機縫縫合後，翻至正面縫合返口備用。

4 將**2**的頭部、腳部不織布跟**3**的尾巴依紙型上的記號，固定在身體表布正面。將2片表布正面相對重疊，依下圖虛線用回針縫或機縫縫合。裡布作法與表布相同，依下圖虛線縫合（底部預留約5cm返口）後，翻到正面。

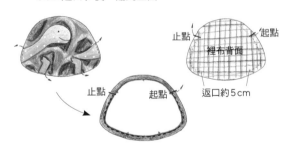

止點　　　起點
裡布背面
止點　　起點
返口約5cm

5 將裡布跟表布以正面相對重疊，用平針縫或機縫縫合袋口。

縫合袋口

6 從裡布底部的返口翻至正面，用藏針縫或機縫縫合裡布返口。袋口用平針縫或機縫於距邊線約0.1cm處壓縫。從頭部返口塞入適量棉花後，用藏針縫縫合返口。

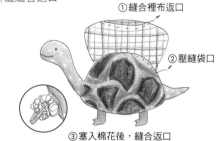

①縫合裡布返口
②壓縫袋口
③塞入棉花後，縫合返口

7 將袋口塞進口金框，並用珠針固定好側點跟中心點縫合口金（參照P12-13）。

41 三角龍零錢包

材料

身體表布 …………… 2片（鋪棉×2片）　　頭盾不織布 ………… 1片　　　腳部不織布 ………… 2片
頭部表布 …………… 2片　　　　　　　　　鼻角不織布 ………… 1片　　　尾巴不織布 ………… 1片
裡布 ………………… 2片　　　　　　　　　額角不織布 ………… 1片　　　拱型口金 ………… 寬8.5cm×高3.5cm，1枚

作法

1 布料請依紙型並預留0.7cm縫份裁剪，鋪棉跟不織布依紙型裁剪（不含縫份），並將鋪棉用熨斗熨燙在身體表布上。

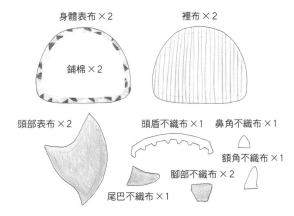

身體表布×2　　　　　裡布×2
鋪棉×2

頭部表布×2　　　頭盾不織布×1　鼻角不織布×1
　　　　　　　　　　　　　　　　　額角不織布×1
　　　　　　　　腳部不織布×2
　　尾巴不織布×1

2 依紙型上的記號，在其中1片頭部表布正面用黑色線縫上眼睛跟嘴巴，再將鼻角、額角跟頭盾不織布固定在縫份上。與另一片頭部表布正面相對重疊，依下圖虛線用回針縫或機縫縫合，下方預留約2cm返口，剪掉尖角多餘的布料，翻到正面、塞入棉花後縫合返口。

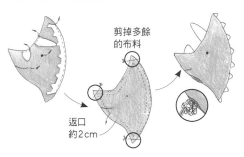

剪掉多餘的布料

返口約2cm

3 將腳部跟尾巴不織布依紙型上的記號，固定在身體表布正面。將2片身體表布正面相對重疊，依下圖虛線用回針縫或機縫縫合。裡布作法與表布相同，依下圖虛線縫合（底部預留約5cm返口）後，翻到正面。

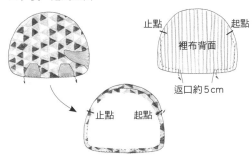

止點　　　　　起點
裡布背面
返口約5cm

止點　　起點

4 將裡布跟表布以正面相對重疊，用平針縫或機縫縫合袋口。

縫合袋口

5 從裡布底部的返口翻至正面，用藏針縫或機縫縫合裡布返口，袋口用平針縫或機縫於距邊線約0.1cm處壓縫。

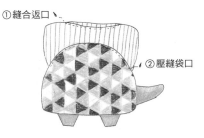

①縫合返口

②壓縫袋口

6 將袋口塞進口金框，並用珠針固定好側點跟中心點縫合口金（參照P12-13）。將**2**的頭部用藏針縫固定在表布上，位置可依個人喜好而定。

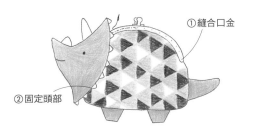

①縫合口金

②固定頭部

42 翼龍零錢包

成品尺寸 約寬8.5cm×高9cm

材料

身體表布 …………… 2片（鋪棉×2片）
翅膀表布 …………… 2片（鋪棉×1片）
角冠表布 …………… 2片（鋪棉×1片）
頭部表布 …………… 2片

裡布 ………………… 2片
腳部不織布 ………… 2片
半圓型口金 ………… 寬8.5cm×高4cm，1枚

作法

1 布料請依紙型並預留0.7cm縫份裁剪，鋪棉跟不織布依紙型裁剪（不含縫份），並將鋪棉用熨斗熨燙在表布上，頭部表布跟裡布無須燙鋪棉。

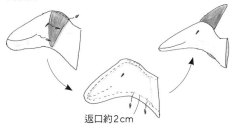

身體表布×2（鋪棉×2）
頭部表布×2
角冠表布×2（鋪棉）
裡布×2
翅膀表布×2（鋪棉）
腳部不織布×2

3 依紙型上的記號，在頭部表布正面用黑色線縫上眼睛跟嘴巴，並將**2**的角冠固定在縫份上。與另一片頭部表布正面相對重疊，依下圖虛線用回針縫或機縫縫合，下方預留約2cm返口，翻到正面備用。

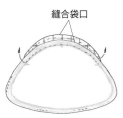

返口約2cm

5 把裡布跟表布以正面相對重疊，用平針縫或機縫縫合袋口。

縫合袋口

2 將1片燙有鋪棉的角冠表布與另一片沒有鋪棉的正面相對重疊，依下圖虛線用回針縫或機縫縫合後，翻至正面備用。翅膀作法與角冠相同，依下圖虛線縫合（左上預留約5cm返口）後，翻到正面縫合返口備用。

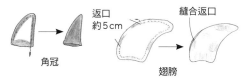

返口約5cm
縫合返口
角冠
翅膀

4 將**3**的頭部跟腳部不織布，依紙型上的記號固定在身體表布的縫份上。將2片表布正面相對重疊，依下圖虛線用回針縫或機縫縫合。裡布作法與表布相同，依下圖虛線縫合（底部預留約5cm返口）後，翻到正面。

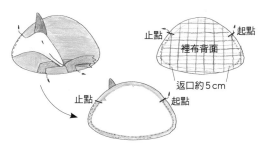

止點　起點
裡布背面
返口約5cm
止點　起點

6 從裡布底部的返口翻至正面，用藏針縫或機縫縫合裡布返口，袋口用平針縫或機縫於距邊線約0.1cm處壓縫。從頭部返口塞入棉花後縫合返口。

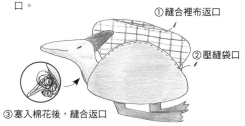

①縫合裡布返口
②壓縫袋口
③塞入棉花後，縫合返口

7 將袋口塞進口金框，並用珠針固定好側點跟中心點縫合口金（參照P12-13）。用藏針縫將**2**的翅膀固定在適當的位置上。

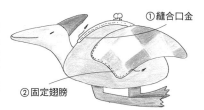

①縫合口金
②固定翅膀

43 劍龍零錢包

材料

身體表布…………2片（鋪棉×2片）	裡布…………2片	腳部不織布…………2片
口袋表布…………2片（布襯×1片）	骨頭不織布A…………1片	尾巴不織布…………1片
頭部表布…………2片	骨頭不織布B…………1片	拱型口金…………寬8.5cm×高3.5cm，1枚

作法

1 布料請依紙型並預留0.7cm縫份裁剪，鋪棉、布襯跟不織布依紙型裁剪（不含縫份），並將鋪棉跟布襯用熨斗熨燙在身體跟口袋表布上。

身體表布×2（鋪棉×2）
口袋表布×2（布襯×1）
裡布×2
骨頭不織布A×1　頭部表布×2
骨頭不織布B×1　腳部不織布×2
尾巴不織布×1

2 依紙型上的記號，在頭部表布正面用黑色線縫上眼睛跟嘴巴。將2片頭部表布正面相對重疊，用回針縫或機縫縫合，下方預留約1cm返口，翻到正面備用。

返口約1cm

3 將燙有布襯的口袋表布與另一片沒有布襯的正面相對重疊，依右圖虛線用回針縫或機縫縫合後，翻至正面用熨斗燙平備用。

4 將骨頭不織布A跟B依紙型上的記號，用毛毯縫或機縫固定在其中一片身體表布正面。再依序將**3**的口袋、**2**的頭部、腳部跟尾巴不織布固定在表布的縫份上。

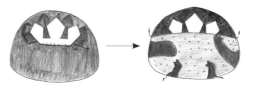

5 將**4**做好的身體表布與另一片正面相對重疊，依下圖虛線用回針縫或機縫縫合。裡布作法與表布相同，依下圖虛線縫合（底部預留約5cm返口）後，翻到正面。

止點　起點　止點　起點
裡布背面
返口約5cm

6 將裡布跟表布以正面相對重疊，用平針縫或機縫縫合袋口。

縫合袋口

7 從裡布底部的返口翻至正面，用藏針縫或機縫縫合裡布返口，袋口用平針縫或機縫於距邊線約0.1cm處壓縫。從頭部返口塞入適量棉花後，用藏針縫縫合返口。

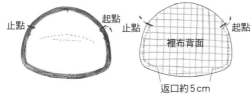

①縫合裡布返口
②壓縫袋口
③塞入棉花後，縫合返口

8 將袋口塞進口金框，並用珠針固定好側點跟中心點縫合口金（參照P12-13）。

44 暴龍零錢包

材料

身體表布 ············· 2片（鋪棉×2片）
頭部表布 ············· 2片
尾巴表布 ············· 2片（鋪棉×1片）
裡布 ················· 2片

牙齒不織布 ··········· 1片
腳部不織布 ··········· 2片
半圓型口金 ··········· 寬8.5cm×高4cm，1枚

作法

1 布料請依紙型並預留0.7cm縫份裁剪，鋪棉跟不織布依紙型裁剪（不含縫份），並將鋪棉用熨斗熨燙在身體及尾巴表布上。

身體表布×2　　裡布×2

鋪棉×2

尾巴表布×2
鋪棉×1

頭部表布×2　　腳部不織布×2　　牙齒不織布×1
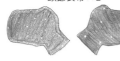

2 將燙有鋪棉的尾巴表布與另一片沒有鋪棉的正面相對重疊，依下圖虛線用回針縫或機縫縫合，翻到正面備用。

3 依紙型上的記號，在其中一片頭部表布正面用黑色線縫上眼睛跟鼻孔，再用毛毯縫或機縫固定牙齒不織布。與另一片頭部表布正面相對重疊，依下圖虛線用回針縫或機縫縫合，下方預留約2cm返口，翻到正面備用。

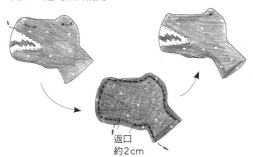

返口
約2cm

4 將腳部不織布、**2**的尾巴跟**3**的頭部，依紙型上的記號固定在身體表布的縫份上。將2片表布正面相對重疊，依下圖虛線用回針縫或機縫縫合。裡布作法與表布相同，依下圖虛線縫合（底部預留約5cm返口）後，翻到正面。

止點　　　　　起點
裡布背面
返口約5cm

止點　　　　　起點

5 將裡布跟表布以正面相對重疊，用平針縫或機縫縫合袋口。

縫合袋口

6 從裡布底部的返口翻至正面，用藏針縫或機縫縫合裡布返口，袋口用平針縫或機縫於距邊線約0.1cm處壓縫。從頭部返口塞入棉花後，縫合返口。

②壓縫袋口　　①縫合返口

③塞入棉花後，縫合返口

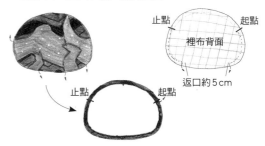

7 將袋口塞進口金框，並用珠針固定好側點跟中心點縫合口金（參照P12-13）。

45

小豬側背包

作法　第 087 頁
紙型　第 118 頁

47

手提／側背平板包

作法　第 089 頁
紙型　第 119 頁

46

兩片式圓型側背包

作法　第 088 頁
紙型　第 118 頁

48

手提／斜背水餃包

作法 第 090-091 頁
紙型 第 119 頁

49

橫式長夾

作法 第 092-093 頁
紙型 第 118 頁

50

經典方型手提／側背包

作法 第 094-095 頁
紙型 第 118 頁

45 小豬側背包

材料

表布A ·············· 2片（鋪棉×2片）	鼻子表布 ·············· 1片	裡布內袋 ·············· 26cm×15cm，1片
表布B ·············· 1片（鋪棉×1片）	裡布A ·············· 2片	黑色鈕扣 ·············· 2顆
耳朵表布 ·············· 4片（鋪棉×2片）	裡布B ·············· 1片	半圓型口金 ·············· 寬19cm×高8.5cm，1枚

作法

1 布料請依紙型並預留0.7cm縫份裁剪，鋪棉依紙型裁剪（不含縫份），裡布內袋直接按照尺寸裁剪，無須外加縫份。將鋪棉用熨斗熨燙在表布上。

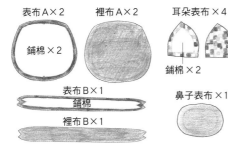

3 依紙型上的記號，將**2**的耳朵跟鼻子用藏針縫固定在表布A正面，再縫上鈕扣。

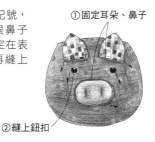

①固定耳朵、鼻子
②縫上鈕扣

5 將裡布內袋上下對摺重疊，依下圖虛線縫合，下方預留約3cm返口，翻到正面用回針縫縫合返口。依紙型上的記號，將內袋用回針縫或機縫固定在裡布A正面。

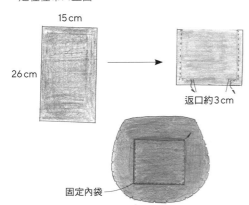

15cm
26cm
返口約3cm
固定內袋

2 將燙有鋪棉的耳朵表布與另一片沒有鋪棉的正面相對重疊，依下圖虛線用回針縫或機縫縫合後，翻至正面縫合返口備用，共製作2組。鼻子作法與第47頁小豬零錢包的**3**相同。

剪掉多餘的縫份　縫合返口
②塞入棉花
①平針縫一圈，抽緊
縫上鼻孔

4 將表布A跟表布B依下圖標示的位置剪好牙口。將1片表布A跟表布B正面相對重疊，依下圖虛線用回針縫或機縫縫合，另一片表布A也用同樣的方式組合。

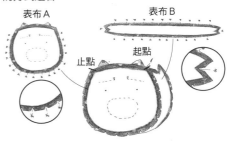

表布A　　表布B
止點　　起點

6 裡布作法與**4**的表布相同，組合好再翻到正面。將裡布跟表布以正面相對重疊，用平針縫或機縫縫合袋口，其中一側預留約10cm返口。

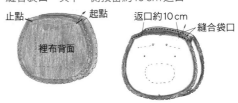

止點　　起點　　返口約10cm
裡布背面　　縫合袋口

7 從上方的返口翻至正面，縫合返口、壓縫袋口後，將袋口塞進口金框，並用珠針固定好側點跟中心點縫合口金（參照P12-13）。
※若要搭配斜背的長背帶，可參考『長型手機包』的織帶作法。

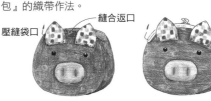

壓縫袋口　　縫合返口

46 兩片式圓型側背包

成品尺寸　約寬19cm×高19cm

材料

圓型表布 ············· 2片（鋪棉×2片）
口袋表布 ············· 2片（布襯×1片）
裡布 ··················· 2片
半圓型口金 ········· 寬19cm×高8.5cm，1枚

織帶 ··················· 約寬1.5cm×長140cm，1條
問號鉤 ··············· 寬1.5cm，2個
日字環 ··············· 寬1.5cm，1個

作法

1 布料請依紙型並預留0.7cm縫份裁剪，鋪棉跟布襯依紙型裁剪（不含縫份），並將鋪棉用熨斗熨燙在表布上，裡布無須燙鋪棉。

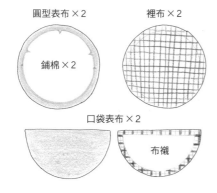

圓型表布×2　鋪棉×2

裡布×2

口袋表布×2

布襯

3 將**2**的口袋依紙型上的記號固定在圓型表布正面的縫份上。將2片表布正面相對重疊，依下圖虛線用回針縫或機縫縫合。裡布作法與表布相同，依下圖虛線縫合（底部預留約10cm返口）後，翻到正面。

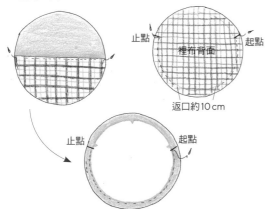

止點　　裡布背面　　起點

返口約10cm

止點　　　　　起點

5 從裡布底部的返口翻至正面後，縫合返口及壓縫袋口。

縫合返口

壓縫袋口

2 將燙有布襯的口袋表布與另一片沒有布襯的正面相對重疊，依下圖虛線用回針縫或機縫縫合後翻至正面，用平針縫或機縫於距邊線約0.1cm處壓縫。

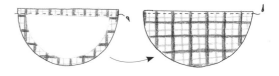

4 將裡布跟表布以正面相對重疊，用平針縫或機縫縫合袋口。

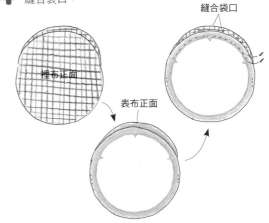

縫合袋口

裡布正面

表布正面

6 將袋口塞進口金框，並用珠針固定好側點跟中心點縫合口金（參照P12-13）。參考第21頁織帶作法組合問號鉤跟日字環，完成背帶。

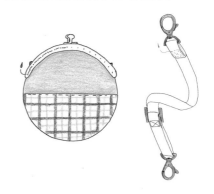

47 手提／側背平板包

材料

表布A ············ 2片（鋪棉×2片）
表布B ············ 1片（鋪棉×1片）
表布口袋 ·········· 2片（布襯×1片）
裡布 ·············· 1片

裡布內袋 ········ 11cm×21cm，1片
提帶布料 ········ 8cm×34cm，2片
背帶布料 ········ 8cm×140cm，1片
問號鉤 ············ 寬2cm，2個

日字環 ············ 寬2cm，1個
D型環 ············ 寬2cm，2個
方型口金 ········ 寬21.5cm×高8.5cm，1枚

作法

1 布料請依紙型並預留0.7cm縫份裁剪，鋪棉跟布襯依紙型裁剪（不含縫份），裡布內袋、提帶跟背帶的布料直接按照尺寸裁剪，無須外加縫份。將鋪棉跟布襯用熨斗熨燙在表布上。

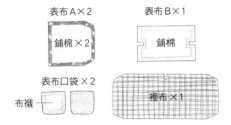

表布A×2　　　　　表布B×1
鋪棉×2　　　　　鋪棉
表布口袋×2
布襯　　　　　　　裡布×1

2 將2片表布A分別跟表布B正面相對，依下圖虛線用回針縫或機縫縫合。

縫合　　縫合
表布A　　表布B　　表布A

3 將燙有布襯的表布口袋與另一片沒有布襯的正面相對重疊，依下圖虛線用回針縫或機縫縫合，下方預留約3cm返口，翻到正面用回針縫縫合返口備用。

返口約3cm　　　　縫合返口

4 提帶布料依下圖摺線對齊中線摺疊燙平後，再對摺燙平，於兩側距邊線約0.1cm處壓線，完成提帶，共製作2組。背帶布料同樣整燙壓線後，參考第21頁織帶作法組合問號鉤跟日字環。

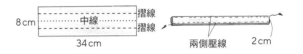

8cm　　中線　　摺線　摺線
34cm　　　　兩側壓線　　2cm

5 將4的提帶其中一端穿過D型環，依下圖虛線用機縫或回針縫固定在表布正面，另一端直接固定即可，表布另一側作法相同。將3的口袋，依下圖虛線固定在表布上。

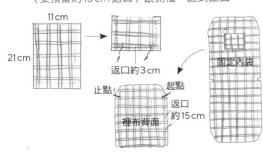

固定口袋

6 將5的表布正面相對對摺，依下圖虛線用回針縫或機縫縫合兩側後，在底部縫合側襠。

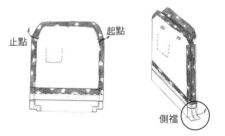

止點　　　　起點
側襠

7 將裡布內袋上下對摺重疊，依下圖虛線縫合，下方預留約3cm的返口，翻到正面用回針縫縫合返口。依紙型上的記號，將內袋用機縫或回針縫固定在裡布正面後，正面相對對摺，縫合兩側（要預留約15cm返口）跟側襠，翻到正面。

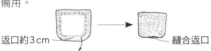

11cm
21cm
返口約3cm
固定內袋
止點　　起點
返口約15cm
裡布背面

8 將裡布跟表布以正面相對重疊，用平針縫或機縫縫合袋口。從裡布底部的返口翻至正面，縫合返口、壓縫袋口後，將袋口塞進口金框，參考第14頁無孔口金框的安裝方法完成。

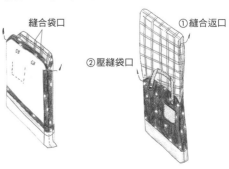

縫合袋口
①縫合返口
②壓縫袋口

48. 手提／斜背水餃包
Hobo Bag

材料

表布 ·············· 2片（鋪棉×2片）
裡布 ·············· 2片

口袋表布 ·········· 2片
方型口金 ·········· 寬16.5cm×高6cm，1枚

 HOW . TO . MAKE

1

表布A×1　表布B×1　裡布×2　口袋表布A×1　口袋表布B×1

鋪棉　鋪棉

布料請依紙型並預留0.7cm縫份裁剪，鋪棉依紙型裁剪（不含縫份），並將鋪棉用熨斗熨燙在表布上，口袋表布跟裡布無須燙鋪棉。

2

依紙型上的記號，分別縫合裡布底部的2個褶子，共製作2組。

3

褶子

止點　　裡布背面　　起點

裡布正面

將❷的2片裡布正面相對重疊，依照片虛線用回針縫或機縫縫合後，翻到正面。

4

將口袋表布A與口袋表布B正面相對重疊，依照片虛線用回針縫或機縫縫合後，在凹入處稍微剪牙口，翻到正面，於距邊線約0.1cm處壓縫。

⑤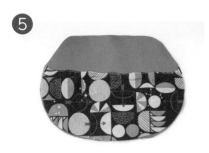

將❹的口袋表布，依紙型上的記號固定在表布B正面的縫份上。

⑥

表布A與❷的裡布做法相同，縫合底部的摺子。

表布B也同樣縫合底部的褶子。

⑦

止點　　　　　起點

將❻的表布A跟B正面相對重疊，依照片虛線用回針縫或機縫縫合。

⑧

裡布正面

將裡布跟表布正面相對重疊。

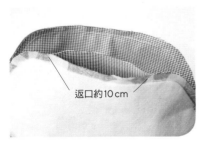

返口約10cm

用平針縫或機縫縫合袋口，在其中一側預留約10cm返口。

⑨

縫合返口

壓縫袋口

從裡布返口翻至正面後，用藏針縫縫合返口，再用平針縫或機縫於距邊線約0.1cm處壓縫。

⑩

將袋口塞進口金框，再參考第14頁無孔口金框的安裝方法完成。建議挑選上方有附圓圈的口金框，並可依個人喜好搭配手提短鏈或斜背長鏈。

49. 橫式長夾
Long Clip

成品尺寸

約寬21.5cm
高10cm
厚3cm

材料

表布 ·················· 2片（鋪棉×2片）
裡布 ·················· 2片
卡片層布料 ·········· 19.4cm×31.4cm，2片
布襯 ·················· 18cm×5cm，6片
方型口金 ············ 寬21.5cm×高8.5cm，1枚

 HOW . TO . MAKE

1

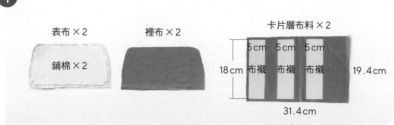

表布跟裡布請依紙型並預留0.7cm縫份裁剪，鋪棉依紙型裁剪（不含縫份），並將鋪棉用熨斗熨燙在表布上。卡片層布料跟布襯直接按照尺寸裁剪，無須外加縫份。

2

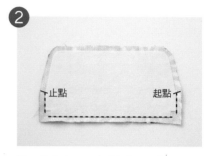

將2片表布正面相對重疊，依照片虛線用回針縫或機縫縫合兩側跟底部。

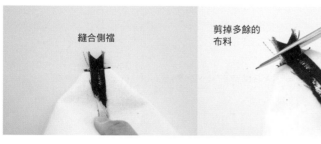

在底部縫合側襠後，再剪掉多餘的布料。

3

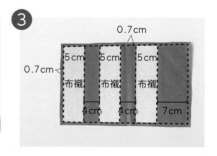

在卡片層布料上，依照片虛線用消失筆畫出記號。

在3處寬5cm的位置燙好布襯，再將4邊皆往內摺0.7cm並燙平，共製作2片。（可在寬18cm的短邊處機縫壓線，避免燙平後散開）

4

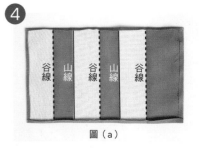

圖（a）

依圖（a）所示，虛線為谷線往下摺，實線為山線往上摺。

圖（b）　　　　　　　　圖（c）　　　　　　　　圖（d）

如圖（b）～圖（c）風琴摺法摺好燙平；翻到正面，依圖（d）標示的虛線，於距邊線約0.1cm處壓縫，完成卡片層，共製作2組。

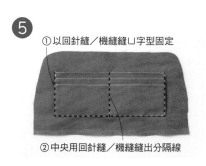

① 以回針縫／機縫縫U字型固定
② 中央用回針縫／機縫縫出分隔線

依紙型上的記號，將❹的做好的卡片層依照片虛線固定在裡布正面，共做2組。

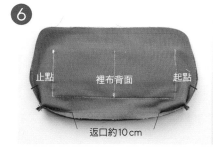

裡布背面　止點　起點　裡布正面
返口約10cm

裡布作法與❷的表布相同，將2片裡布縫合，底部要預留約10cm的返口，翻到正面備用。

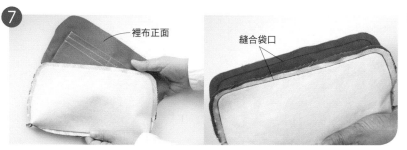

裡布正面　縫合袋口

將裡布跟表布以正面相對重疊，用平針縫或機縫縫合袋口。

縫合返口

從裡布返口翻至正面，用藏針縫縫合返口。

壓縫袋口

用平針縫或機縫於距邊線約0.1cm處壓縫。

將袋口塞進口金框，再參考第14頁無孔口金框的安裝方法完成。

50. 經典方型手提／側背包
Shoulder Bag

成品尺寸

約寬21.5cm
高18cm
厚5cm

材料

表布 ·················· 2片（鋪棉×2片）	裡布 ·················· 2片
口袋蓋片 ·············· 2片（布襯×1片）	磁扣 ·················· 直徑1cm，1對
口袋表布 ·············· 2片	方型口金 ·············· 寬21.5cm×高8.5cm，1枚

 HOW . TO . MAKE ——— — — — — — — — — — — — — — ——

1

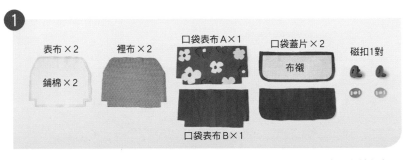

表布×2　鋪棉×2　裡布×2　口袋表布A×1　口袋表布B×1　口袋蓋片×2　布襯　磁扣1對

布料請依紙型並預留0.7cm縫份裁剪，鋪棉跟布襯依紙型裁剪（不含縫份），並將鋪棉跟布襯用熨斗各別熨燙在表布及蓋片上。

2

依紙型上的記號，在口袋表布A戳2個小洞，插入磁扣（凹）的釘腳，墊上一小塊碎布、鋪棉或不織布。

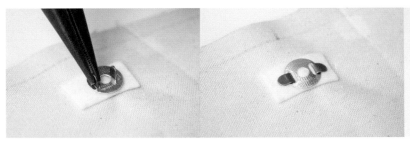

磁扣（凹）

對準磁扣的釘腳套入鐵片，再用尖嘴鉗將2根釘腳向外彎折固定。

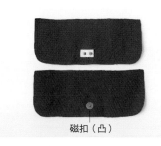

磁扣（凸）

以同樣的方法將磁扣（凸）固定在沒有燙布襯的口袋蓋片上。

3

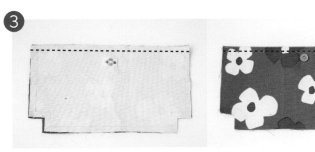

將口袋表布A跟口袋表布B正面相對重疊，依照片虛線用回針縫或機縫縫合，翻到正面整燙平整，沿著邊線約0.1cm處壓縫。

④

將2片口袋蓋片正面相對重疊，依照片虛線用回針縫或機縫縫合，從上方開口翻到正面後整燙平整，於距邊線約0.1cm處壓縫。

⑤

將❸的口袋，依紙型上的記號固定在表布正面的縫份上。

⑥

將❹的口袋蓋片有安裝磁扣的那面朝下，依紙型上的記號，於上方開口距邊線約0.1cm處壓縫。

約0.5cm

再將蓋片往上摺，於距邊線約0.5cm處壓縫。

⑦

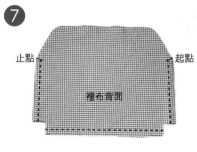

止點　　起點

裡布背面

縫合側襠

將2片裡布正面相對重疊，依照片虛線用回針縫或機縫縫合兩側、底部跟側襠。

裡布正面

將裡布翻到正面備用。

⑧

止點　　起點

縫合側襠

將2片表布正面相對重疊，依照片虛線用回針縫或機縫縫合兩側、底部跟側襠。

⑨

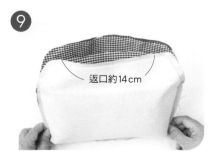

返口約14cm

將裡布跟表布以正面相對重疊，用平針縫或機縫縫合袋口，其中一側預留約14cm返口。

⑩

從裡布返口翻至正面，縫合返口、壓縫袋口後，將袋口塞進口金框，參考第14頁無孔口金框的安裝方法完成。依個人喜好搭配短鍊或長鍊。

Part 3 紙型及使用注意事項 ////////////////////////////////

● 本紙型不含縫份。布料請依紙型並預留0.7cm縫份裁剪，鋪棉、布襯與不織布則直接依紙型裁剪。

● 第118-119頁作品45～50的紙型請放大200%使用。

● 尺寸可能因紙張伸縮產生誤差，敬請見諒。

● 本紙型僅限個人使用，未經作者許可，不得擅自轉作他用或用於商業用途。

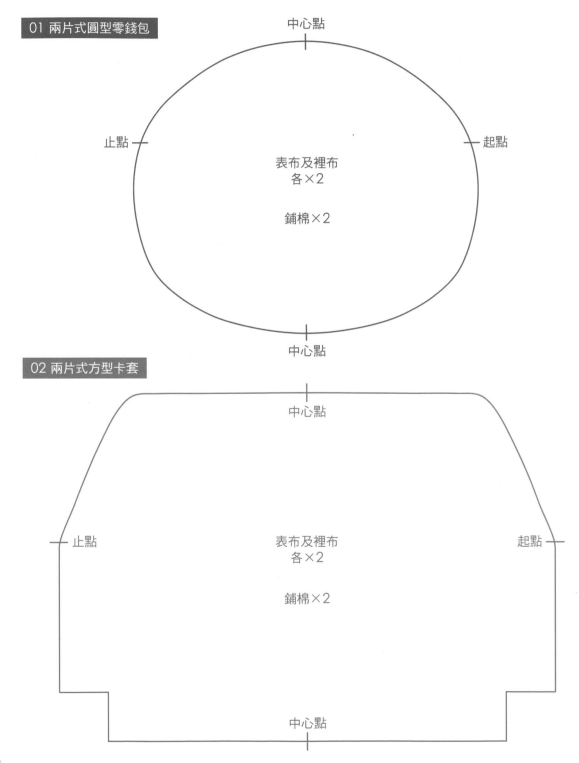

01 兩片式圓型零錢包

中心點

止點　　　　　起點

表布及裡布
各×2

鋪棉×2

中心點

02 兩片式方型卡套

中心點

止點　　　表布及裡布　　　起點
　　　　　各×2

鋪棉×2

中心點

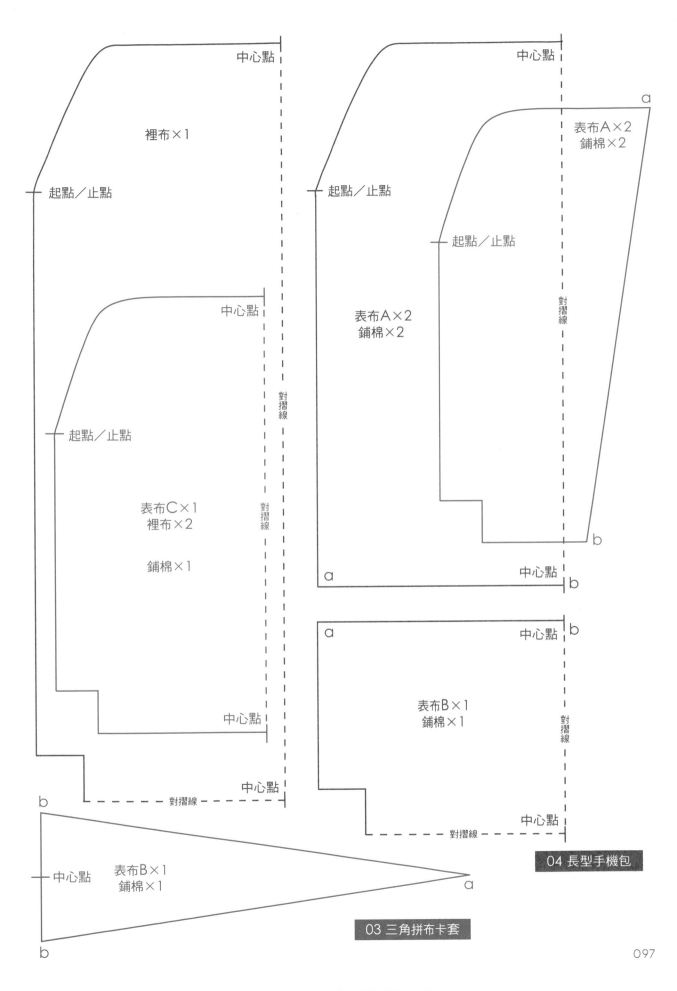

裡布×1

中心點

起點／止點

中心點

起點／止點

表布A×2
鋪棉×2

a

表布A×2
鋪棉×2

對摺線

中心點

起點／止點

中心點

表布C×1
裡布×2

鋪棉×1

對摺線

b

a

中心點

b

中心點

a

b

中心點

表布B×1
鋪棉×1

對摺線

中心點

b

中心點

對摺線

04 長型手機包

中心點

表布B×1
鋪棉×1

a

b

03 三角拼布卡套

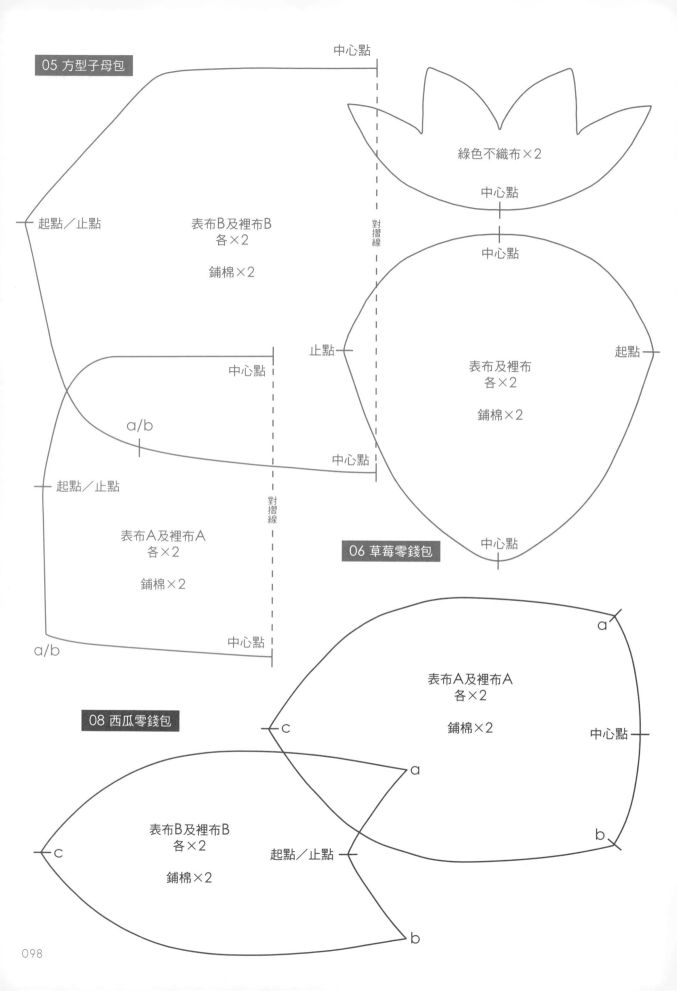

05 方型子母包

中心點

綠色不織布×2

中心點

起點／止點

表布B及裡布B
各×2

鋪棉×2

對摺線

止點

中心點

起點

中心點

中心點

表布及裡布
各×2

鋪棉×2

a/b

起點／止點

對摺線

表布A及裡布A
各×2

鋪棉×2

06 草莓零錢包

a/b

中心點

中心點

a

08 西瓜零錢包

c

表布A及裡布A
各×2

鋪棉×2

中心點

a

b

c

表布B及裡布B
各×2

鋪棉×2

起點／止點

b

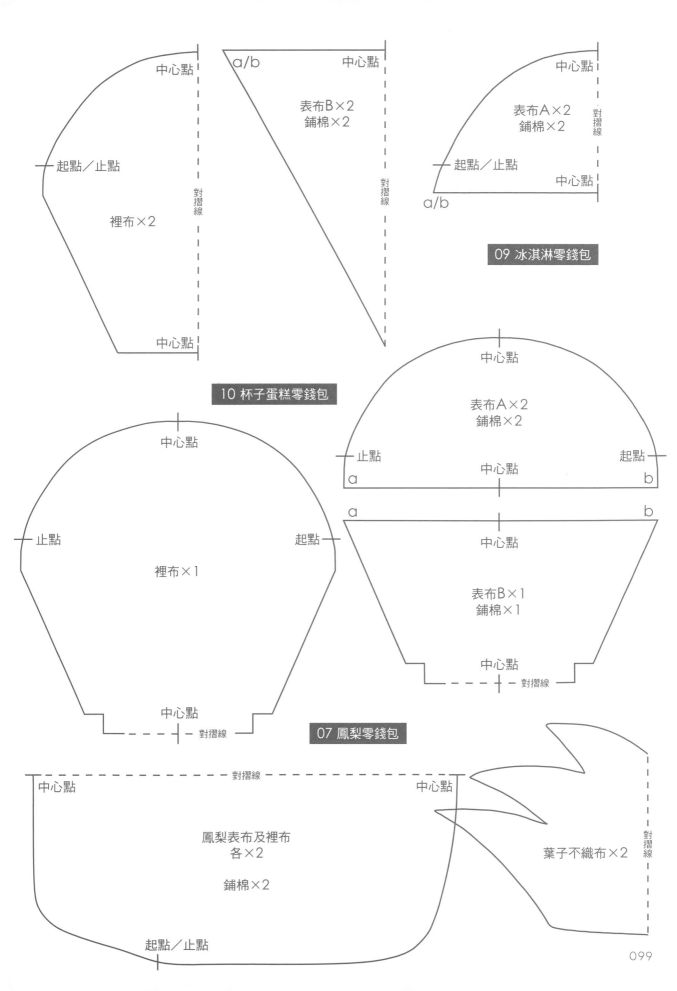

中心點

a/b

中心點

表布B×2
鋪棉×2

中心點

表布A×2
鋪棉×2

起點／止點

對摺線

裡布×2

對摺線

起點／止點

中心點

a/b

09 冰淇淋零錢包

中心點

10 杯子蛋糕零錢包

中心點

中心點

表布A×2
鋪棉×2

止點

起點

止點

起點

a

b

中心點

裡布×1

a

b

中心點

表布B×1
鋪棉×1

中心點

中心點

對摺線

對摺線

07 鳳梨零錢包

對摺線

中心點

中心點

對摺線

鳳梨表布及裡布
各×2

鋪棉×2

葉子不織布×2

起點／止點

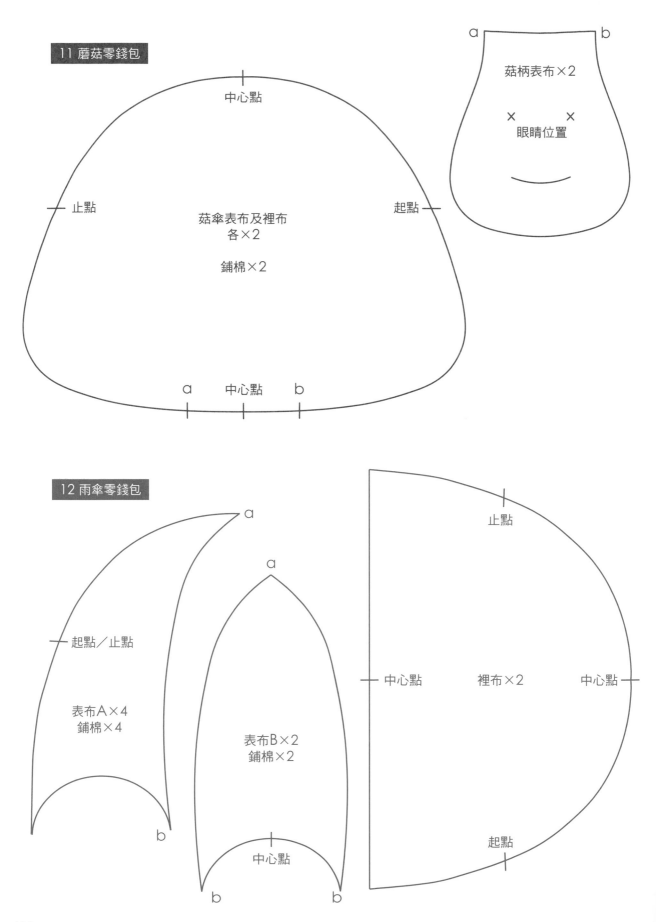

11 蘑菇零錢包

中心點

止點

起點

菇傘表布及裡布
各×2

鋪棉×2

a 中心點 b

菇柄表布×2

a b

× ×
眼睛位置

12 雨傘零錢包

a

a

止點

起點／止點

中心點 裡布×2 中心點

表布A×4
鋪棉×4

表布B×2
鋪棉×2

b b

中心點

起點

b b

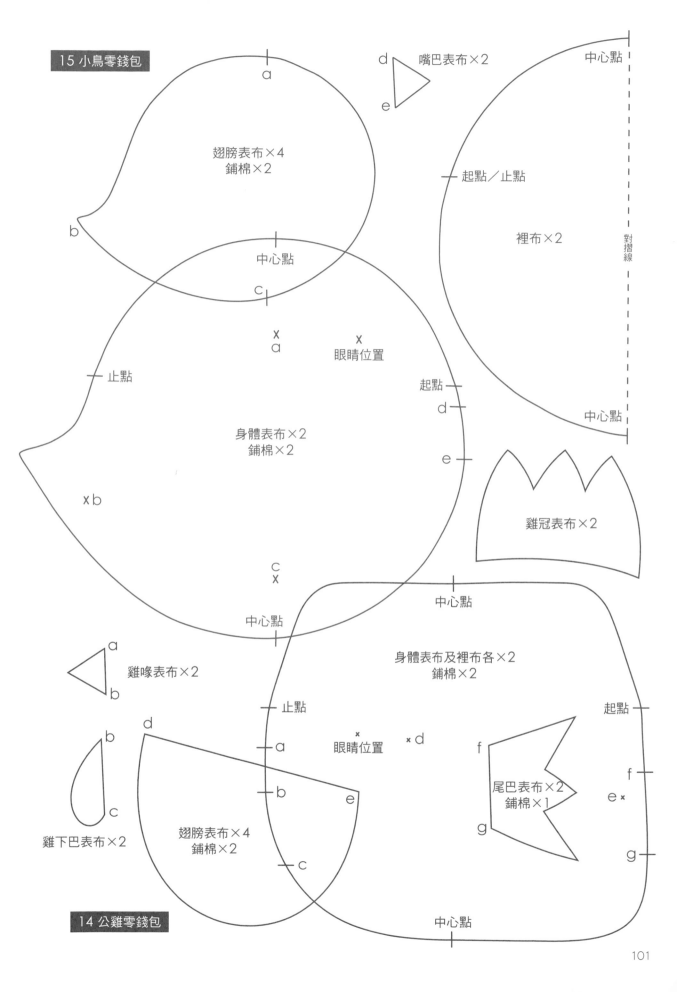

15 小鳥零錢包

翅膀表布×4
鋪棉×2

a

b

中心點

c

嘴巴表布×2

d

e

中心點

對摺線

起點/止點

裡布×2

中心點

x
a

x
眼睛位置

止點

身體表布×2
鋪棉×2

x b

起點

d

e

雞冠表布×2

c
x

中心點

中心點

中心點

身體表布及裡布各×2
鋪棉×2

雞喙表布×2

a

b

止點

a

眼睛位置
x

x d

起點

d

翅膀表布×4
鋪棉×2

b

c

e

b

d

尾巴表布×2
鋪棉×1

f

g

f

e x

g

雞下巴表布×2

14 公雞零錢包

中心點

101

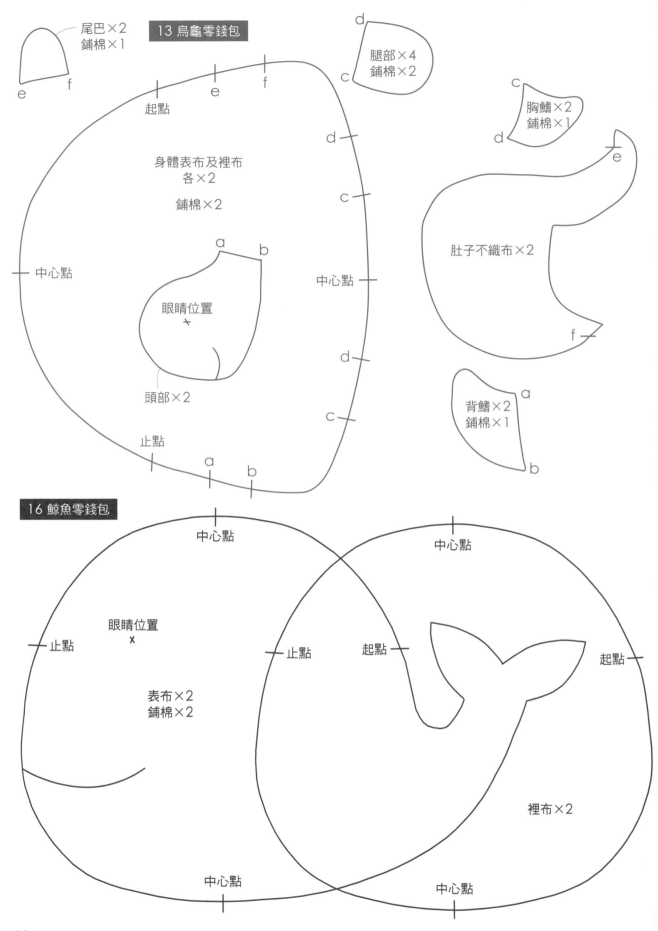

尾巴×2
鋪棉×1

e　f

13 烏龜零錢包

起點　e　f

身體表布及裡布
各×2
鋪棉×2

d

c

中心點

a　b

眼睛位置

中心點

d

頭部×2

c

止點

a　b

d

腿部×4
鋪棉×2

c

c

胸鰭×2
鋪棉×1

d

e

肚子不織布×2

f

d

c

背鰭×2
鋪棉×1

a

b

16 鯨魚零錢包

中心點　　　　　　　　中心點

眼睛位置
×

止點　　　　　　止點　　起點　　　　　　起點

表布×2
鋪棉×2

裡布×2

中心點　　　　　　中心點

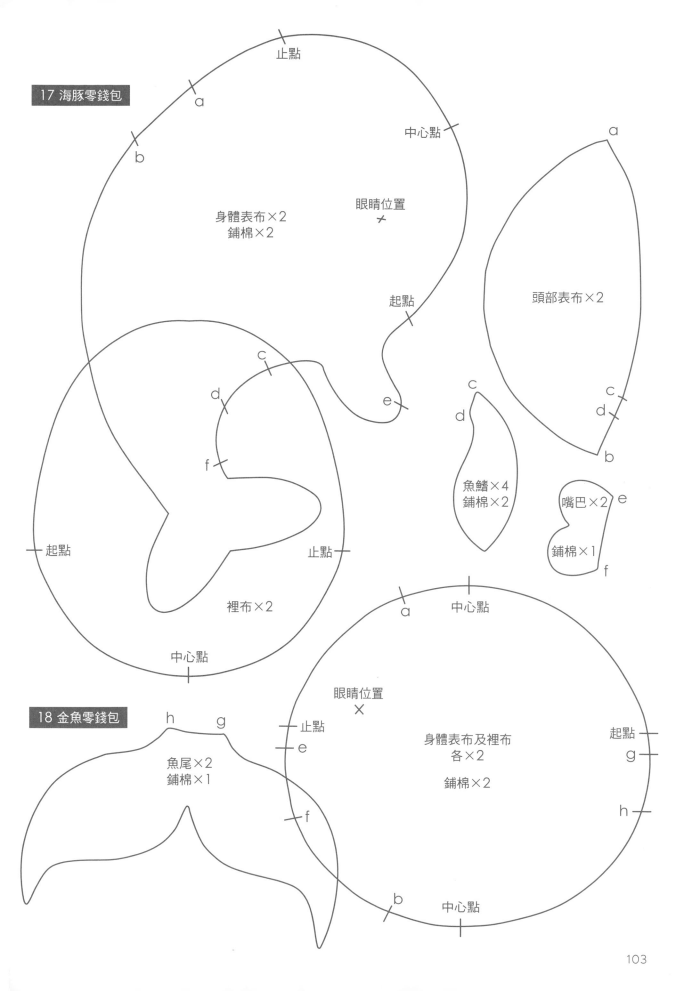

17 海豚零錢包

止點

a

b

中心點

a

身體表布×2
鋪棉×2

眼睛位置

頭部表布×2

起點

c

d

c

d

e

b

f

c

d

魚鰭×4
鋪棉×2

e

嘴巴×2

鋪棉×1

f

起點

止點

裡布×2

a

中心點

眼睛位置
×

中心點

18 金魚零錢包

h

g

止點

e

起點

g

身體表布及裡布
各×2

鋪棉×2

魚尾×2
鋪棉×1

f

h

b

中心點

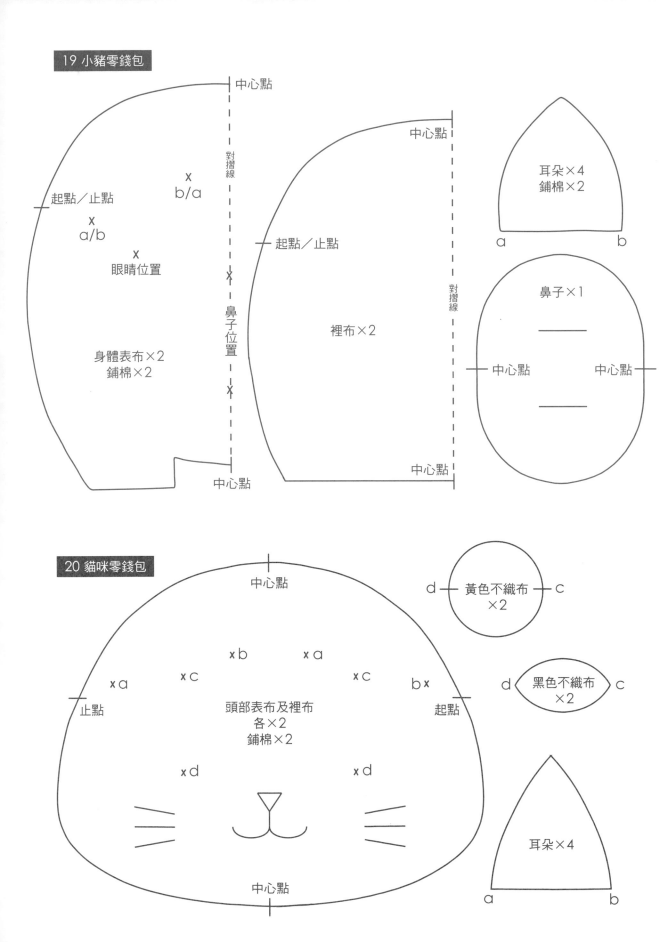

19 小豬零錢包

中心點

起點／止點

x
b/a

對摺線

x
a/b

x
眼睛位置

鼻子位置

身體表布×2
鋪棉×2

中心點

中心點

起點／止點

對摺線

裡布×2

中心點

中心點

耳朵×4
鋪棉×2

a   b

鼻子×1

中心點   中心點

20 貓咪零錢包

中心點

x b   x a

x a   x C   x C   b x

止點   頭部表布及裡布
各×2
鋪棉×2   起點

x d   x d

中心點

d — 黃色不織布
×2 — c

d — 黑色不織布
×2 — c

耳朵×4

a   b

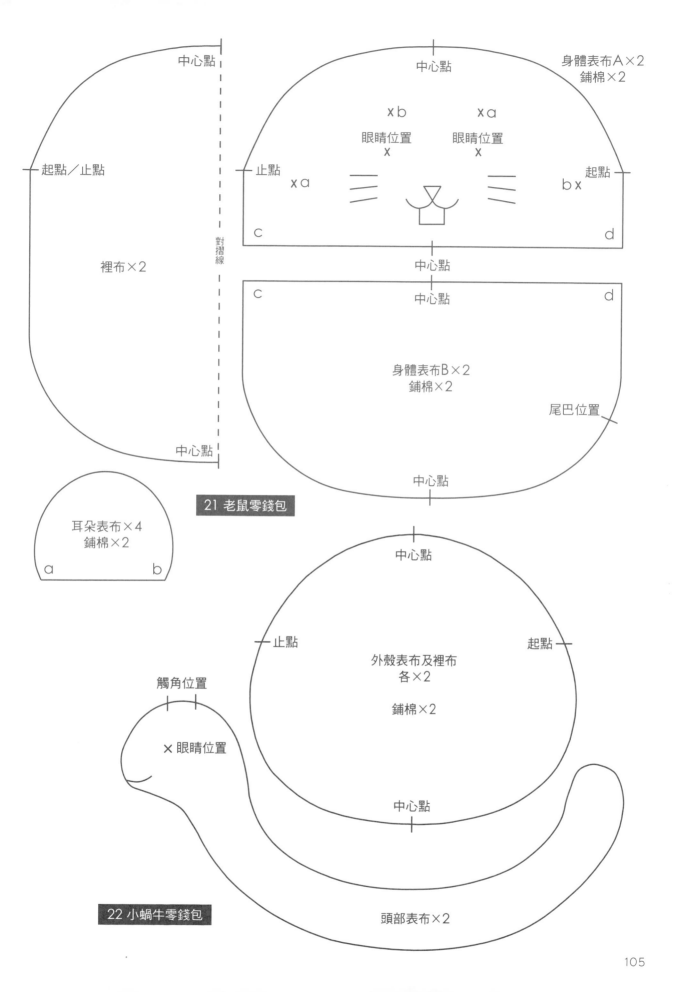

中心點

身體表布A×2
鋪棉×2

起點／止點

中心點

止點

xb   xa

眼睛位置   眼睛位置
x   x

xa   bx   起點

c   d

中心點

對摺線

裡布×2

c   中心點   d

中心點

身體表布B×2
鋪棉×2

尾巴位置

中心點

中心點

21 老鼠零錢包

耳朵表布×4
鋪棉×2

a   b

中心點

止點   起點

外殼表布及裡布
各×2

鋪棉×2

觸角位置

× 眼睛位置

中心點

22 小蝸牛零錢包

頭部表布×2

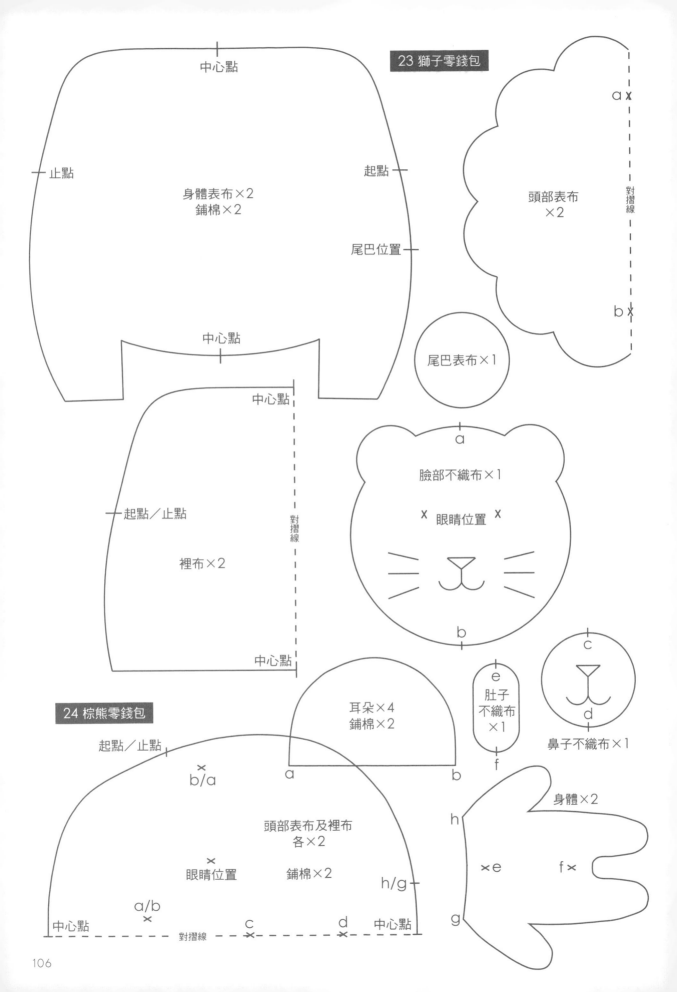

中心點

23 獅子零錢包

止點

起點

身體表布×2
鋪棉×2

尾巴位置

頭部表布
×2

a

對摺線

b

中心點

中心點

尾巴表布×1

a

臉部不織布×1

起點／止點

眼睛位置

裡布×2

對摺線

b

中心點

c

e

肚子
不織布
×1

d

鼻子不織布×1

中心點

f

24 棕熊零錢包

耳朵×4
鋪棉×2

起點／止點

b/a

a

b

身體×2

h

頭部表布及裡布
各×2

眼睛位置

鋪棉×2

h/g

e

f

a/b

g

中心點

對摺線

c

d

中心點

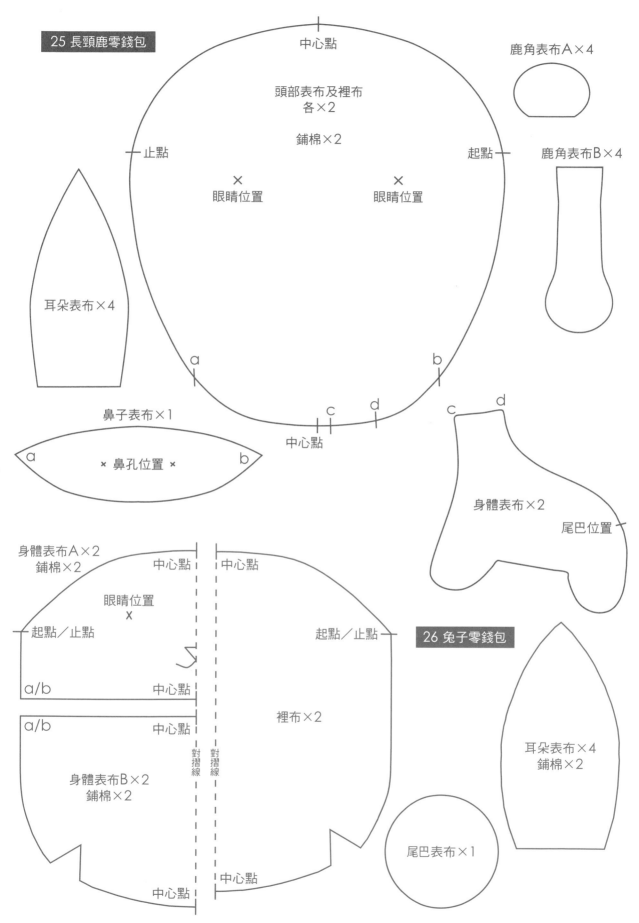

25 長頸鹿零錢包

鹿角表布A×4

頭部表布及裡布
各×2

鋪棉×2

鹿角表布B×4

中心點

止點

起點

眼睛位置

眼睛位置

耳朵表布×4

a

b

c

d

鼻子表布×1

a

× 鼻孔位置 ×

b

中心點

c

d

身體表布×2

尾巴位置

身體表布A×2
鋪棉×2

中心點

中心點

眼睛位置
×

起點／止點

起點／止點

26 兔子零錢包

a/b

中心點

a/b

中心點

裡布×2

對摺線

對摺線

耳朵表布×4
鋪棉×2

身體表布B×2
鋪棉×2

尾巴表布×1

中心點

中心點

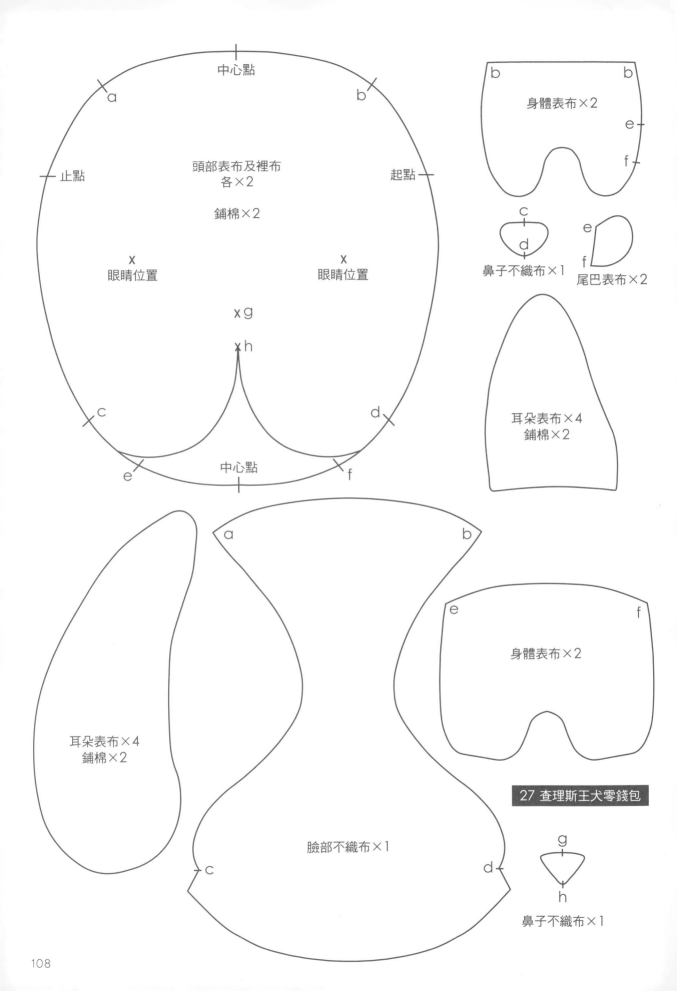

中心點

a

b

止點

頭部表布及裡布
各×2

鋪棉×2

起點

x
眼睛位置

x
眼睛位置

xg

xh

c

d

e

中心點

f

身體表布×2

b

b

e

f

c

d

鼻子不織布×1

e

f

尾巴表布×2

耳朵表布×4
鋪棉×2

a

b

耳朵表布×4
鋪棉×2

e

f

身體表布×2

27 查理斯王犬零錢包

臉部不織布×1

c

d

g

h

鼻子不織布×1

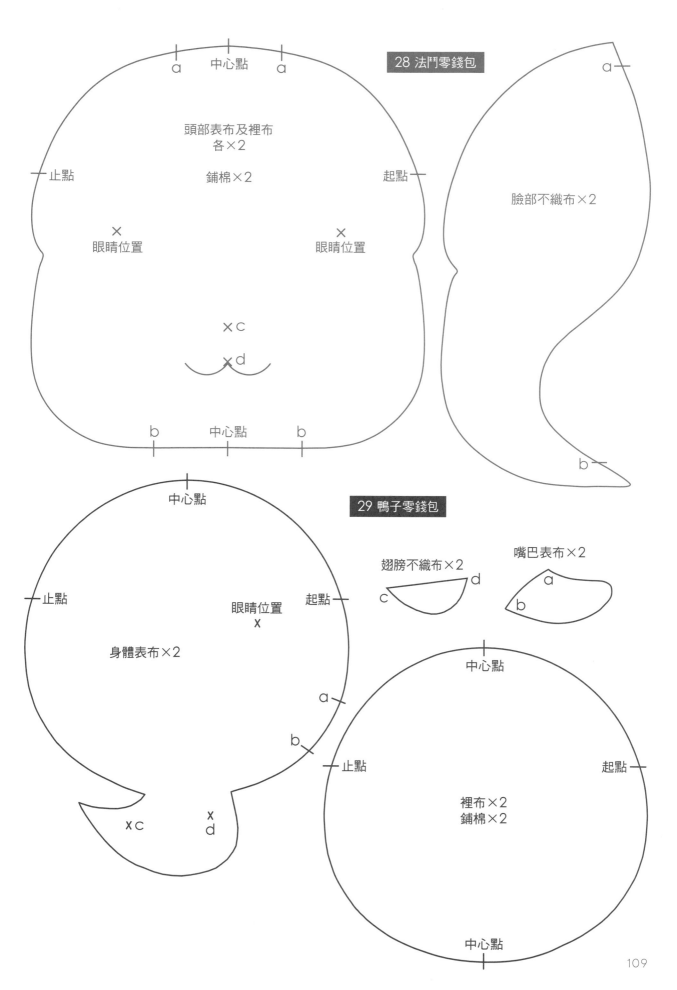

28 法鬥零錢包

頭部表布及裡布
各×2

鋪棉×2

止點　　　　　　　　　　起點

中心點

a　　　中心點　　　a

× 眼睛位置　　　　× 眼睛位置

×c

×d

b　　　中心點　　　b

臉部不織布×2

a

b

29 鴨子零錢包

中心點

止點　　　　　　起點

眼睛位置
x

身體表布×2

a

b

×c　　x d

翅膀不織布×2

c　　　d

嘴巴表布×2

a

b

中心點

止點　　　　　　　　起點

裡布×2
鋪棉×2

中心點

中心點

中心點

c

a　b

耳朵表布×4

鼻孔不織布×2

d

起點／止點

起點／止點

對摺線

對摺線

e

f

牙齒不織布×2

中心點

尾巴位置

身體表布×2
鋪棉×2

裡布×2

頭部表布C×1

中心點

中心點

對摺線

中心點

中心點

中心點

a　b

a

b

眼睛位置

頭部表布A×1

×c

×c

×d

×d

頭部表布B×1

30 河馬零錢包

e

f

e

中心點

中心點

身體表布×2

a

b

肚子不織布×1

31 青蛙零錢包

中心點

c

d

c

d

起點／止點

對摺線

e
×

e

眼睛不織布×2

頭部表布及裡布
各×2

鋪棉×2

f

×
眼睛位置

×f

g

a/b

眼睛表布×4

中心點

×g

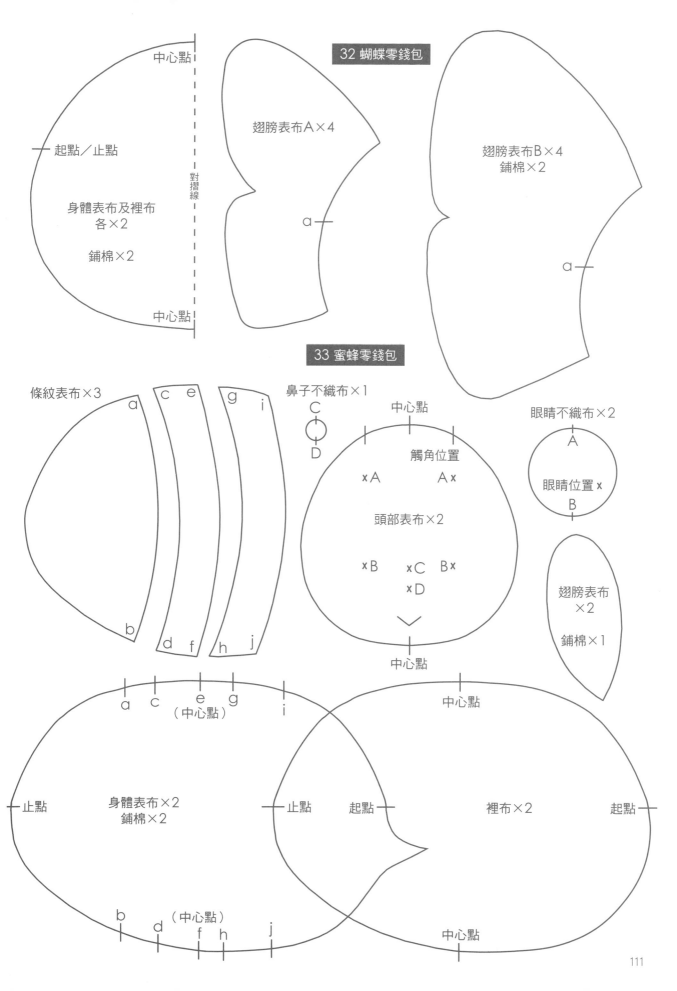

32 蝴蝶零錢包

中心點

起點／止點

身體表布及裡布
各×2

鋪棉×2

對摺線

中心點

翅膀表布A×4

a

翅膀表布B×4
鋪棉×2

a

33 蜜蜂零錢包

條紋表布×3

a
c e
g i

b
d f
h j

鼻子不織布×1

C
D

中心點

觸角位置

×A   A×

頭部表布×2

×B   ×C   B×
      ×D

中心點

眼睛不織布×2

A

眼睛位置 ×

B

翅膀表布
×2

鋪棉×1

a c e g i
（中心點）

中心點

止點

身體表布×2
鋪棉×2

止點 起點

裡布×2

起點

b d （中心點） f h j

中心點

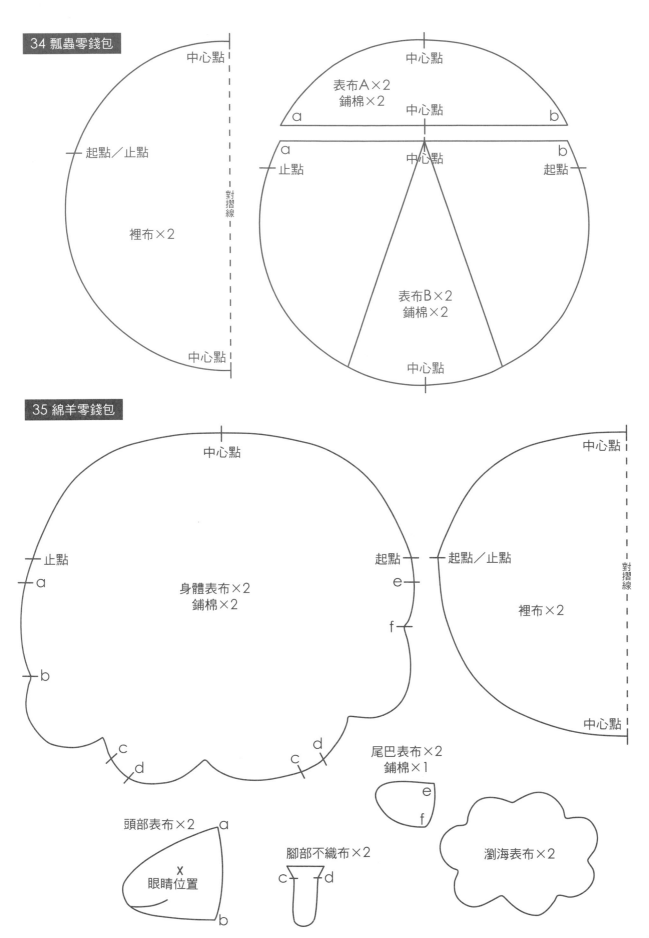

34 瓢蟲零錢包

中心點

起點／止點

裡布×2

對摺線

中心點

中心點

表布A×2
鋪棉×2

a

b

a

b

止點

中心點

起點

表布B×2
鋪棉×2

中心點

35 綿羊零錢包

中心點

中心點

止點

a

身體表布×2
鋪棉×2

起點

e

f

起點／止點

裡布×2

對摺線

b

c

d

c

d

中心點

尾巴表布×2
鋪棉×1

e

f

頭部表布×2

a

x
眼睛位置

b

腳部不織布×2

c

d

瀏海表布×2

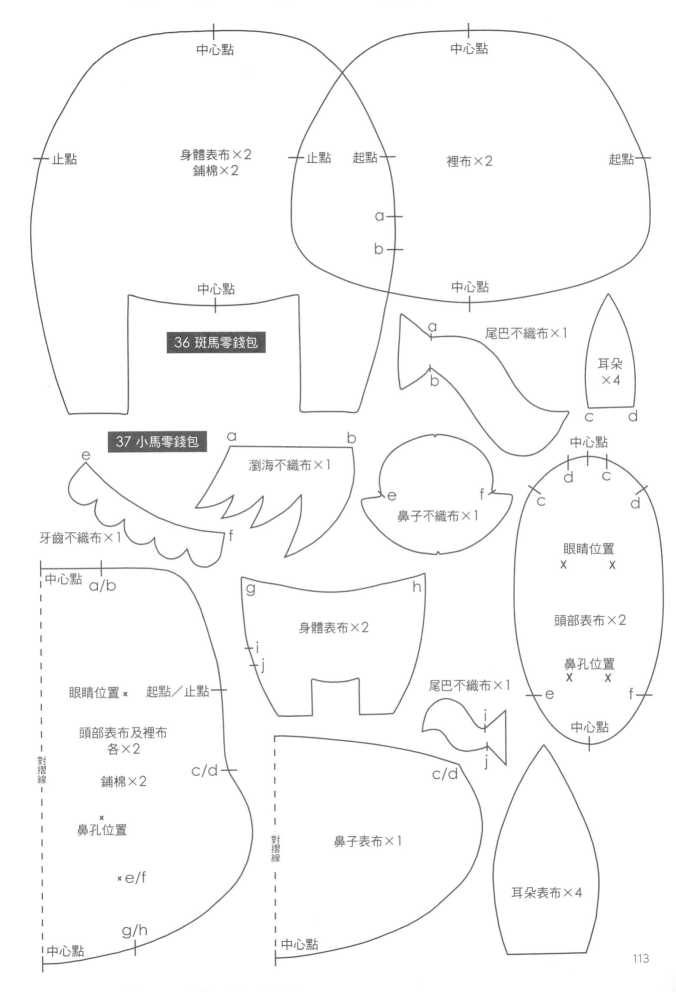

中心點

中心點

止點　身體表布×2　鋪棉×2　止點　起點　裡布×2　起點

a

b

中心點　中心點

36 斑馬零錢包

a　尾巴不織布×1

b　耳朵×4

c　d

37 小馬零錢包　a　瀏海不織布×1　b

e　中心點

d　c

c　d

f　鼻子不織布×1　e

牙齒不織布×1　f

眼睛位置 X　X

中心點　a/b　頭部表布×2

g　身體表布×2　h

鼻孔位置 X　X

i

j

眼睛位置 x　起點／止點　尾巴不織布×1　e　f

頭部表布及裡布 各×2

中心點

鋪棉×2　c/d

i

對摺線

鼻孔位置 x

×e/f　對摺線　鼻子表布×1　c/d　j

耳朵表布×4

g/h

中心點　中心點

113

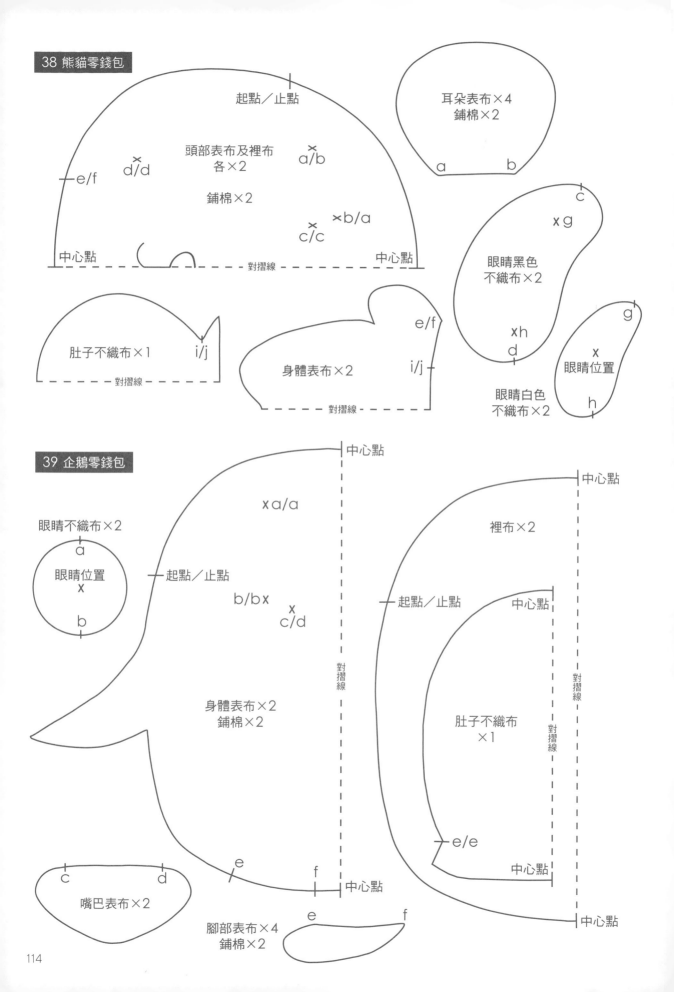

38 熊貓零錢包

起點／止點

耳朵表布×4
鋪棉×2

a   b

頭部表布及裡布
各×2

a/b

d/d

e/f

鋪棉×2

c

x g

×b/a

c/c

眼睛黑色
不織布×2

中心點

中心點

對摺線

g

x h

d

x

眼睛位置

肚子不織布×1

i/j

身體表布×2

e/f

i/j

眼睛白色
不織布×2

h

對摺線

對摺線

39 企鵝零錢包

中心點

中心點

x a/a

裡布×2

眼睛不織布×2

a

眼睛位置

x

起點／止點

b/b x

x
c/d

起點／止點

中心點

b

對摺線

身體表布×2
鋪棉×2

肚子不織布
×1

對摺線

對摺線

e/e

中心點

c   d

e   f

中心點

嘴巴表布×2

e   f

腳部表布×4
鋪棉×2

中心點

114

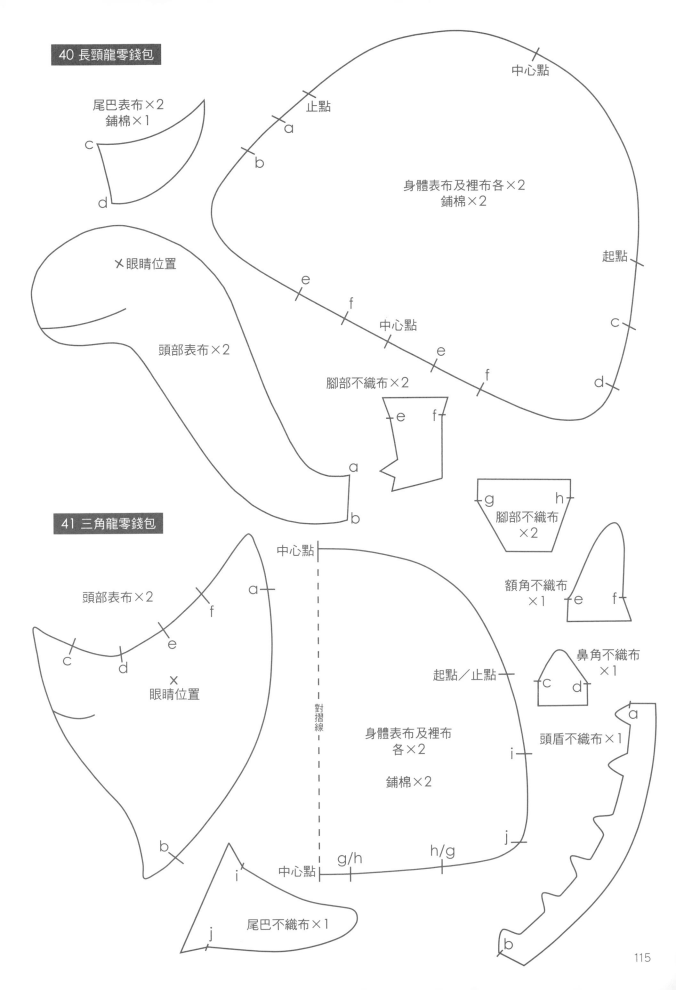

40 長頸龍零錢包

尾巴表布×2
鋪棉×1

c

d

止點

a

b

中心點

身體表布及裡布各×2
鋪棉×2

起點

c

d

✕眼睛位置

頭部表布×2

e

f

中心點

e

f

腳部不織布×2

e f

a

b

g h
腳部不織布
×2

額角不織布
×1
e f

鼻角不織布
×1
c d

41 三角龍零錢包

頭部表布×2

a

f

e

c

d

✕
眼睛位置

中心點

對摺線

起點／止點

頭盾不織布×1

a

身體表布及裡布
各×2

鋪棉×2

i

j

b

中心點 g/h h/g

b

i

尾巴不織布×1

j

115

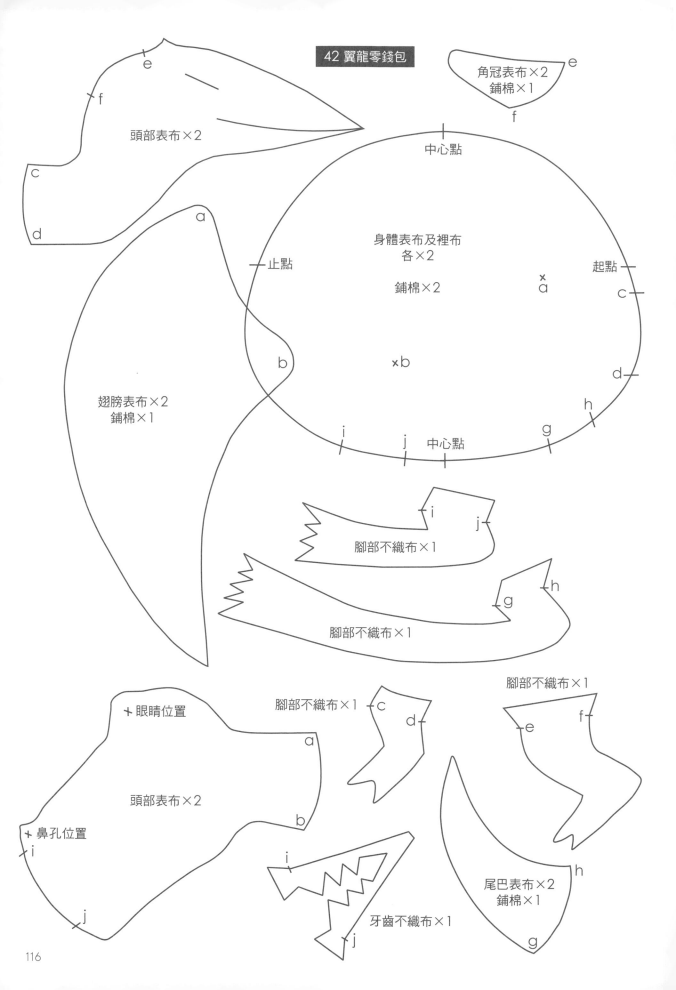

角冠表布×2
鋪棉×1
e
f

頭部表布×2
e
f
c
d

a
止點

中心點
身體表布及裡布
各×2
鋪棉×2
a
起點
c
×b
d
h
g

翅膀表布×2
鋪棉×1
b
i
j
中心點

i
j
腳部不織布×1

g
h
腳部不織布×1

眼睛位置
a
腳部不織布×1
c
d
腳部不織布×1
e
f

頭部表布×2
b

鼻孔位置
i

h
尾巴表布×2
鋪棉×1
g

j

i
j
牙齒不織布×1

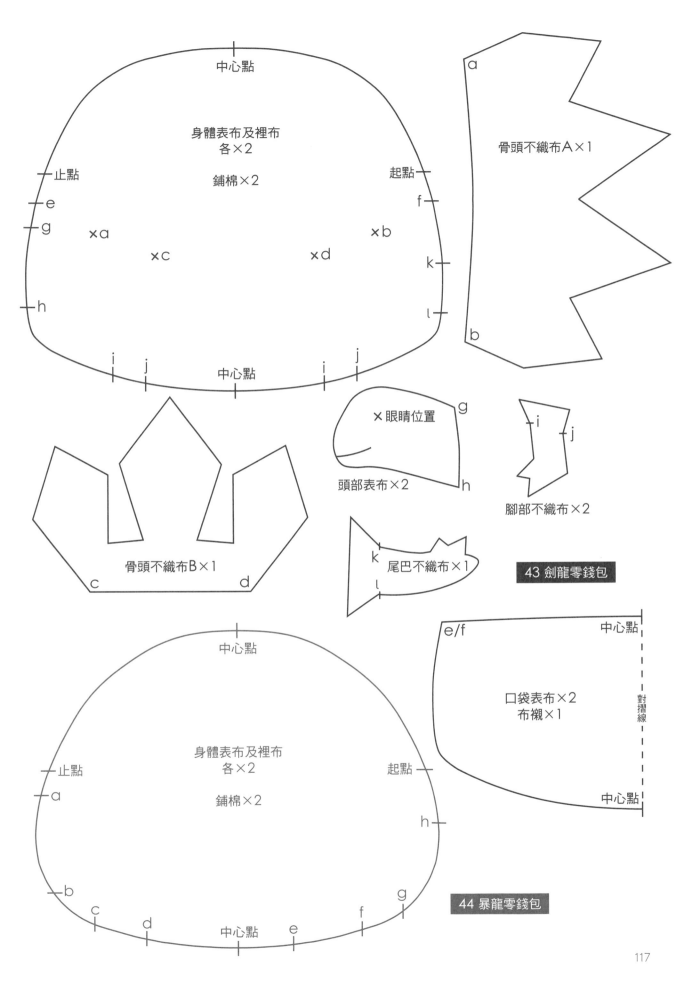

身體表布及裡布
各×2

鋪棉×2

中心點

止點

起點

e

f

g

×a

×b

k

×c

×d

l

h

i　j

中心點

i　j

骨頭不織布A×1

a

b

骨頭不織布B×1

c

d

×眼睛位置

頭部表布×2

g

h

i

j

腳部不織布×2

k

尾巴不織布×1

l

43 劍龍零錢包

e/f

中心點

口袋表布×2
布襯×1

對摺線

中心點

身體表布及裡布
各×2

鋪棉×2

中心點

止點

起點

a

h

b

c

d

中心點

e

f

g

44 暴龍零錢包

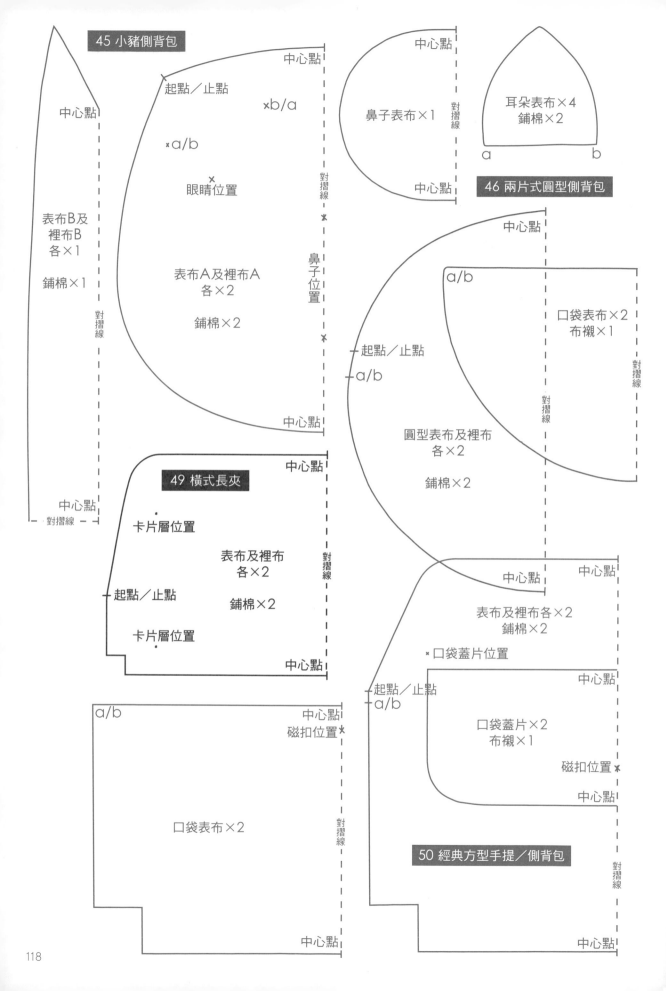

45 小豬側背包

中心點

起點／止點

×b/a

×a/b

×眼睛位置

中心點

表布B及
裡布B
各×1

鋪棉×1

對摺線

表布A及裡布A
各×2

鋪棉×2

鼻子位置

中心點

中心點

對摺線

中心點

鼻子表布×1

對摺線

中心點

耳朵表布×4
鋪棉×2

a   b

46 兩片式圓型側背包

中心點

a/b

口袋表布×2
布襯×1

對摺線

起點／止點

a/b

圓型表布及裡布
各×2

鋪棉×2

49 橫式長夾

中心點

卡片層位置

表布及裡布
各×2

鋪棉×2

起點／止點

卡片層位置

對摺線

中心點

中心點

中心點

表布及裡布各×2
鋪棉×2

×口袋蓋片位置

起點／止點

a/b

中心點

口袋蓋片×2
布襯×1

磁扣位置×

中心點

a/b

中心點

磁扣位置×

50 經典方型手提／側背包

對摺線

口袋表布×2

對摺線

中心點

中心點

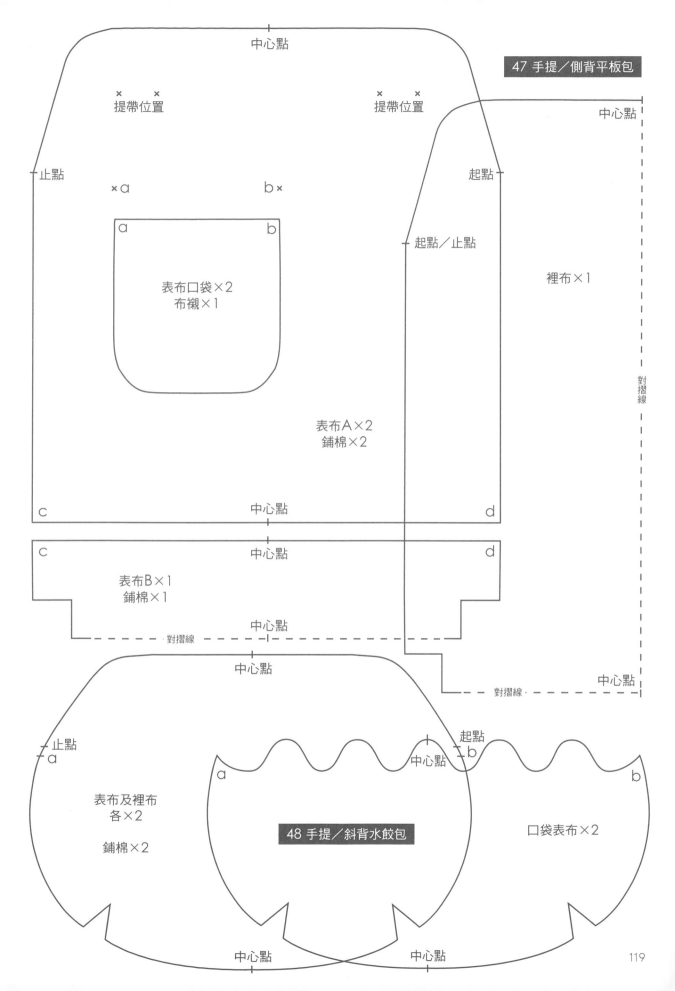

中心點

提帶位置   提帶位置

中心點

×   ×   ×   ×

47 手提／側背平板包

止點

×a   b×

a   b

起點

起點／止點

裡布×1

表布口袋×2
布襯×1

對摺線

表布A×2
鋪棉×2

c   中心點   d

c   中心點   d

表布B×1
鋪棉×1

中心點
對摺線   對摺線   中心點

中心點

中心點

止點   起點
a   中心點   b

表布及裡布
各×2   a   b

鋪棉×2   **48 手提／斜背水餃包**   口袋表布×2

中心點   中心點

119

作者
Michelle Chan（陳玉香）

Michelle 自 2010 年從香港移居杜拜後，以 Misala 為品牌名稱在家裡開始製作口金包，運用其獨有的想像力，創造出與眾不用的作品。在先生 Sanford 公餘時間的輔助下，Misala 手作口金包通過美國平台 Etsy 銷售至全球 40 個國家以上，並舉家搬至台北，成立產品開發及製作工作室，堅持所有包款自家設計與手工製作。

Web　www.misala.cc
Shop　misala.etsy.com

Facebook

Misala Handmade 口金包 50 款
一針一線創造逗趣動物口金包

2020 年 6 月 1 日初版第一刷發行

著　　者　Michelle Chan（陳玉香）
手 繪 圖　劉炘媛
編　　輯　劉皓如
美術設計　黃瀞瑢
發 行 人　南部裕
發 行 所　台灣東販股份有限公司
　　　　　＜地址＞台北市南京東路 4 段 130 號 2F-1
　　　　　＜電話＞（02）2577-8878
　　　　　＜傳真＞（02）2577-8896
　　　　　＜網址＞ http://www.tohan.com.tw
郵撥帳號　1405049-4
法律顧問　蕭雄淋律師
總 經 銷　聯合發行股份有限公司
　　　　　＜電話＞（02）2917-8022

國家圖書館出版品預行編目（CIP）資料

Misala Handmade 口金包 50 款：一針一線創造逗趣動物口金包！/ Michelle Chan 著 . --
初版 . -- 臺北市：臺灣東販，2020.06
120 面；19×26 公分
ISBN 978-986-511-339-1（平裝）

1. 手提袋 2. 手工藝

426.7　　　　　　　　　　　　　　　　　　　　109004146

用各式素材發散創意
俯拾皆為手作敲門磚

皮革／布作

職人嚴選手作皮革小物58款
初學者也能輕鬆上手

越膳夕香／著　陳佩君／譯
定價NT$360

職人提案！
超質感皮革小物

.URUKUST土平 恭榮／著　陳佩君／譯
定價NT$340

日系質感拼布小物

橋本和／著　曹茹蘋／譯
定價NT$360

MY POUCH！
我的手作隨身布包

日本ヴォーグ社／編著　梅應琪／譯
定價NT$340

刺繡／羊毛氈

簡約幾何風
黑線刺繡圖案集

mifu／著　許倩珮／譯
定價NT$320

呆萌又可愛！
擬真羊毛氈兔子玩偶

畑牧子／著　許倩珮／譯
定價NT$340

超萌羊毛氈動物戳戳樂

さくだ ゆうこ／著　許倩珮／譯
定價NT$340

繞一繞、剪一剪！
超可愛小鳥毛線球27款

trikotri／著　陳佩君／譯
定價NT$360

紙藝／勞作

空箱職人傳授
零食空盒模型密技

HARUKIRU／著　曹茹蘋／譯
定價NT$500

戰力全新升級！
用一張色紙摺出戰鬥機器人

フチモトムネジ／著　王姮婕／譯
定價NT$360

摺出好腦力！
趣味摺紙大全

前川淳／著　陳妍雯／譯
定價NT$420

輕巧又實用 用紙藤編出
22款手提袋＆置物籃

yumehimo friendship／著　許倩珮／譯
定價NT$340

歡迎洽詢訂購 ▶ **http://www.tohan.com.tw/**

戶名：台灣東販股份有限公司　郵撥帳號1405049-4
地址：台北市南京東路4段130號2F-1　TEL／(02)2577-8878

misala handmade
BAGS & PURSES

《Misala Handmade口金包50款》
商品折價券

凡購買《Misala Handmade 口金包 50 款》一書讀者，憑本券購買 Misala 任何口金包商品滿 $1000（不包括材料包），即可現折 $100，不可累計折扣。

使用方式
1. 若實體櫃位購買商品，需出示並繳回票券；
2. 若網路購買商品，需私訊出示購書發票證明。

使用期限：即日起至 2020/12/31 止
限單次使用，複印無效。
不可與 Misala 其他優惠活動同時使用。

《Misala Handmade口金包50款》
課程折價券

凡購買《Misala Handmade 口金包 50 款》一書讀者，憑本券預約 Misala 手作課程或購買材料包滿 $1000，即可現折 $100，不可累計折扣。

使用方式
1. 若網路預約課程，需以私訊告知使用課程優惠券，並於上課當日報到時繳回票券；
2. 若網路單購買材料包，須出示購書發票證明。

※課程訊息公布請見 Misala FB，Misala 保有最終課程及辦法異動、修改與變更之權利。
使用期限：即日起至 2021/5/1 止
限單次使用，複印無效。
不可與 Misala 其他優惠活動同時使用。